NEW

烤、拍、焯、腌、拌……

CARPACCIO

日本名厨的人气刺身料理全书

SASHIMI

CUISINE

和式、西式、中式、韩式……

日本旭屋出版　编著

唐振威　潘丽萍　译

河南科学技术出版社

·郑州·

Contents
目录

人气大厨的新刺身料理 …3

上野直哉　兵库　神户　玄斋 …4
伴正章　东京　东向岛　创作和食 飨~KYO~ …11
川久保贤志　东京　三轩茶屋　夕 …18
工藤敏之　东京　永田町　La Rochelle SANNO …25
松岛朋宣　兵库　神户　Cuisine Franco-Japonaise Matsushima …32
奥本浩史　兵库　神户　Osteria L'aranceto …39
今井寿　东京　千代田　Osteria la Pirica …46
渡边庸生　东京　代官山　COCINA MEXICANA La Casita …53
吉米·J. 贝内托　东京　涩谷　Silver Back 食堂 …62
金德子　东京　涩谷　烤肉店 NARUGE …70
小松仁　东京　东日本桥　Chinese Restaurant 虎穴 …78

好评菜式陆续登场！

刺身料理的新魅力 …85

鲷鱼 …86
金枪鱼 …91
鲣鱼 …98
青花鱼 …99
鲑鱼 …100
鲫鱼 …102
黄条鰤 …105
比目鱼 …106
针鱼 …108
六线鱼 …110
赤点石斑鱼 …111
石鲈鱼 …112
旗鱼 …112
北方长额虾 …113
章鱼 …114
乌贼 …118
扇贝 …120
其他贝类 …122
海鞘 …124
组合搭配 …125
马肉 …131
鸡肉 …135
牛杂 …136

使用本书时请注意

- 制作页中，省略了鱼类和贝类的事先处理、切片等过程。
- 配方中标明的“大茶匙”为15mL、“小茶匙”为5mL。
- 有些地方标明的各种调味酱汁并不是1份的分量，而是易制作的分量。请根据鱼贝类的量以及个人喜好进行调整。
- 配方中标明“适量”的地方，请根据个人喜好进行调整。

人气大厨的新刺身料理

本书邀请了各位人气大厨，
以新式牛肉刺身、刺身料理等为题，
试制了新的刺身料理。

※书中的各位大厨的料理，虽然有一部分已加入菜单在店内提供，但是大部分仍未加入菜单。

玄斋 P4

鲸 青花鱼 鮟鱇鱼肝 菱蟹 江珧 对虾 魁蛤

创作和食 飨 ~KYO~ P11

鱿鱼 金枪鱼 鲑鱼 海鳗

夕 P18

大章鱼 马大腿肉 海鳗 红金眼鲷鱼 江珧 鲣鱼

La Rochelle SANNO P25

比目鱼 日本长额虾 金枪鱼 鲑鱼 鰤鱼

Cuisine Franco-Japonaise Matsushima P32

虎豚 鹿大腿肉 马瘦肉 传助星鳗 鸡胸肉

Osteria L'aranceto P39

明石鲷鱼 平鲉 针鱼 金枪鱼 章鱼 鸭肉

Osteria la Pirica P46

金枪鱼 石斑鱼 鲑鱼 鲣鱼 大章鱼 马肉

COCINA MEXICANA La Casita P53

江珧 鲑鱼 真鲷 金枪鱼腩 比目鱼 鲉鱼 沙丁鱼

Silver Back 食堂 P62

虾 扇贝 高体鰤 金枪鱼 鲑鱼

烤肉店 NARUGE P70

金枪鱼 蜂巢胃 猪胃 海螺 鸡胸肉 长枪乌贼

Chinese Restaurant 虎穴 P78

幼生海鳗 鱼翅 水松贝 日本后海螯虾 章鱼

玄斋

店主 **上野直哉**

店主上野直哉先生是浪速割烹"七川"的创始者上野修三先生的次子。上野直哉先生在京都学习之后，于2004年在神户开了这家"玄斋"。他在积极热情地开辟新境界的同时，其料理核心基本仍是"和"。

两种不同的长须鲸拌菜
胸鳍肉加上赤穗盐葱、大蒜醋味噌　鲸嘴肉、花山葵醋味噌

制作方法→P9

可以将鲸的胸鳍肉和鲸嘴肉加上醋味噌进行对比。两个部位都接近胸鳍，有着霜状油脂，但是鲸嘴肉更加油腻一些。虽然动物性脂肪非常鲜美，但只是那样吃的话味觉很容易就会变迟钝。我想在醋味噌里面给人增添一种鲜明的印象，所以在胸鳍肉所用的醋味噌中加入了大蒜，而鲸嘴肉所用的醋味噌中则加入了花山葵。在其上则用炸赤穗盐葱根作为点缀。在生长过程中撒盐和喷洒卤水的新品种葱，其香味也残留在料理之中。

凉拌青花鱼　生姜调味汁以及腌青花鱼酱、黄身醋　雪割胡葱、紫洋葱、干辣椒

制作方法→P9

“玄斋”里的腌青花鱼通常使用土佐醋，但这次与蔬菜做成了拼盘，能尝到三种味道。首先是加了生姜的调味汁。使用了柠檬果汁和蜂蜜做成了清爽的味道，橄榄油的香味与青花鱼也非常协调。接下来是用盐和米糠腌制过的青花鱼做成的酱。腌青花鱼特有的怪味和咸味，与肥美的青花鱼和洋葱非常相配。再加入纯粹的黄身醋，可以在这一盘中享受到有变化的味道。在腌青花鱼的表面涂上白色的碎鱼肉，就做出了初春的雪的感觉。

鮟鱇鱼肝以及小萝卜沙拉　盐和芝麻油

蕾菜、韭黄

制作方法→P9

在西式料理中，人们多在食材中加入调味酱使味道变得丰富（使味道复合）起来；但是上野直哉先生认为，基于“和”这一概念，调味料应该用于勾勒食材的味道轮廓。因此，使用过量的调味料会破坏其平衡。因为“食材本身”的“和”是没有必然性的，在这个意义上，这就是一道终极的料理。只在刺身加盐这一传统吃法的基础上，再加上芝麻油，就可以品尝到同样含油量很高的鮟鱇鱼肝的美味。

冷鲜菱蟹、腌蟹卵
太白芝麻油、珊瑚菜、岩茸、芦笋、扫帚菜

制作方法→P10

菱蟹的正式名称为三疣梭子蟹，一般称之为梭子蟹。雄蟹很美味，秋冬时期雌蟹所携带的卵也很受欢迎。这次是将蟹卵与蟹黄一起用白酱油进行腌制，与蟹身搭配。只有蟹壳以及腿的部分稍稍过一下热水，身体部分的肉则是直接浸入冰水。因腌制之后的蟹卵酱油味略重，添加一些芝麻油作为酱汁，使其清淡一些。使用的芝麻油是香味较淡的太白芝麻油。

圆白菜与添加草莓醋的鱼贝类　江珧、对虾、魁蛤、荚果蕨、金橘

制作方法→P10

此为刺身与水果的组合。这个料理与其他四个的不同之处在于，食材（贝类及蔬菜）与调味料（草莓醋）一起吃的话味道会改变，也就是“重叠的美味”。草莓醋是用生草莓和草莓酱加入土佐醋制作而成的，加了少许柠檬果汁，只看颜色的话可能会觉得很甜，实际上是做成了吃下去刚刚好的程度。芡汁也不能少，用其淡淡的甜味来引出贝类的鲜美。料理整体看上去有些简单，用一小片金橘皮就可以使其变得突出。

图片→P4

两种不同的长须鲸拌菜

胸鳍肉加上赤穗盐葱、大蒜醋味噌 鲸嘴肉、花山葵醋味噌

●材料
鲸胸鳍肉…适量
鲸嘴肉…适量
赤穗盐葱…适量
葱根天妇罗…适量
大蒜醋味噌…适量（制作方法另附）
花山葵醋味噌…适量（制作方法另附）
碎芝麻…适量

两种醋味噌

材料（易制作的分量）
白味噌…200g
大麦酱…55g
砂糖…30g
醋…120g
磨好的芥末…适量
大蒜…适量
花山葵…适量

制作方法
1制作基本的醋味噌。将材料按照白味噌、滤好的大麦酱、砂糖、醋、磨好的芥末的顺序加入研钵中，充分搅拌后，用白布过滤。
2制作大蒜醋味噌。将大蒜磨碎后加入步骤**1**的醋味噌（适量）中。
3制作花山葵醋味噌。用水洗过花山葵之后，切成1.5cm长的小段，放入竹篓中，用充足的热水均匀地浇在其上。轻轻地甩一甩竹篓中的水，然后迅速地将其放进密封的瓶中。等待20分钟左右，让其辣味充分散发出来，之后再次晃动瓶子。榨干表面的水分后，与步骤**1**的醋味噌（适量）混合。

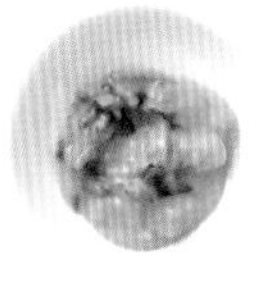

●制作方法
1将鲸的胸鳍肉及鲸嘴肉片成厚2mm左右的薄片。
2除根以外，将赤穗盐葱切成易入口的长度，根则裹上面糊炸成天妇罗。
3将步骤**1**的材料盛到盘中，在胸鳍肉上加煮过的赤穗盐葱、大蒜醋味噌以及葱根天妇罗，鲸嘴肉上则加花山葵醋味噌以及碎芝麻。

图片→P5

凉拌青花鱼

生姜调味汁以及 腌青花鱼酱、黄身醋 雪割胡葱、紫洋葱、干辣椒

●材料
青花鱼…适量
｜盐…适量
｜醋…适量
白身鱼（磨碎的鱼肉）…适量
｜蛋白…适量
｜日本薯蓣（山药泥）…适量
｜盐…适量
紫洋葱…适量
雪割胡葱…适量
生姜调味汁…适量（制作方法另附）
腌青花鱼酱…适量（制作方法另附）
黄身醋…适量（制作方法另附）
干辣椒…少许

生姜调味汁

材料（易制作的分量）
生姜（切末）…1大茶匙
柠檬果汁…1/2大茶匙
蜂蜜…2小茶匙
EXV橄榄油…2大茶匙
醋…2大茶匙
盐…1小茶匙

制作方法
将除橄榄油以外的材料充分混合并搅拌，最后加入橄榄油。

腌青花鱼酱

材料（易制作的分量）
腌青花鱼…15g
黑橄榄（去种子）…30g
大蒜（切末）…1g
EXV橄榄油…2大茶匙
盐…适量
胡椒…适量

制作方法
将去皮、去骨的腌青花鱼同黑橄榄、大蒜末充分研磨混合，加入盐、胡椒、橄榄油，再次混合并搅拌。

黄身醋

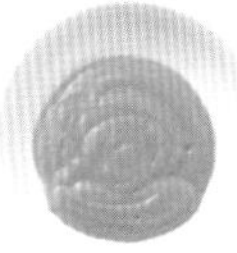

材料（易制作的分量）
蛋黄…5个
砂糖…4大茶匙
醋…6大茶匙
盐…1小茶匙

制作方法
将全部材料充分混合并搅拌后隔水煮，有适当的硬度之后用白布过滤。

●制作方法
1将青花鱼横着切成3片，抹上重盐，1~2小时后用水冲洗，擦去表面的水分。
2在醋里泡5分钟，拿出来后包上厨房用纸放在一边。
3用菜刀剔掉青花鱼的骨头，拔掉小骨，剥掉皮。用菜刀在向上一面切几刀。
4在磨碎的白身鱼中加入盐、蛋白、山药泥，用研钵充分研磨搅拌。
5在步骤**3**的青花鱼的向上一面涂满淀粉（分量外），用刮刀将步骤**4**的材料涂上。
6将浸透了八方醋（※）的厨房用纸放在青花鱼涂过的一面上，放置一晚。
7将紫洋葱切成薄片，用水冲过后擦去表面的水分。
8去掉雪割胡葱的根，用盐水稍微煮一下。
9将步骤**6**的青花鱼切成厚5mm左右的片。
10将雪割胡葱和紫洋葱铺在盘子上，摆上青花鱼片。加上生姜调味汁、腌青花鱼酱、黄身醋和切成圆片的干辣椒。
※八方醋是将醋和水按3:2的比例混合，加入海带、盐、砂糖煮开一次之后放冷制作而成的。

图片→P6

鮟鱇鱼肝以及小萝卜沙拉

盐和芝麻油 蕾菜、韭黄

●材料
鮟鱇鱼肝…适量
蕾菜…适量
｜八方汤汁…适量
小萝卜（用于制作沙拉，可生食）…适量
韭黄…适量
盐…适量
芝麻油…适量

●制作方法
1用菜刀去除新鲜鮟鱇鱼肝中的血管和筋后，浸入加冰的淡盐水中去血。
2蕾菜用盐水煮过后浸入八方汤汁中。
3将小萝卜带皮切成厚5mm左右的薄片，浸入加了海带的盐水中，约30分钟后变软了就把表面的水分榨干。
4甩干鱼肝上的水分，去掉薄皮后切成薄片，与步骤**3**的小萝卜交互摆好盘。
5在盘中间摆上步骤**2**的蕾菜，撒上切成末的韭黄。
6撒上盐，转圈淋上芝麻油。

图片→P7

冷鲜菱蟹、腌蟹卵
太白芝麻油、珊瑚菜、岩茸、芦笋、扫帚菜

●材料

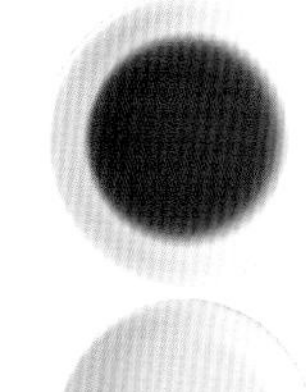

菱蟹（雌）…1只
珊瑚菜…适量
岩茸…适量
芦笋…适量
扫帚菜…适量
白酱油…适量
太白芝麻油…适量

●制作方法
1 打开活蟹（雌）的壳，取出卵和蟹黄。
2 将蟹卵和蟹黄放在竹篓中，用水冲一会儿后擦去表面的水分，在白酱油中浸约30分钟。
3 取下蟹的鳃部和口部后切两半，从最底下的脚开始，向身体的方向用菜刀在壳上轻轻切一刀，用手打开。这样可以完整地将附在身体上的薄壳取下。
4 其他部分的肉也用菜刀取下。
5 用铁扦穿起步骤3的蟹肉，只将脚的部分放入热水中煮至变色，然后放入冰水中。
6 将步骤4的肉放入竹篓并浸入冰水。
7 等到蟹身部分紧绷起来后，用厨房用纸擦去表面的水分。
8 煮岩茸，把芦笋切成松叶状。
9 将已变色的蟹壳和蟹身摆盘，摆上步骤2的蟹卵和蟹黄，加上岩茸、珊瑚菜、芦笋、扫帚菜，淋上太白芝麻油。

图片→P8

圆白菜与添加草莓醋的鱼贝类
江珧、对虾、魁蛤、荚果蕨、金橘

●材料
江珧…适量
｜盐…适量
对虾…适量
魁蛤…适量
圆白菜…适量
｜盐…适量
荚果蕨（山菜）…适量
｜八方汤汁…适量
金橘皮…1片
草莓醋…适量（制作方法另附）

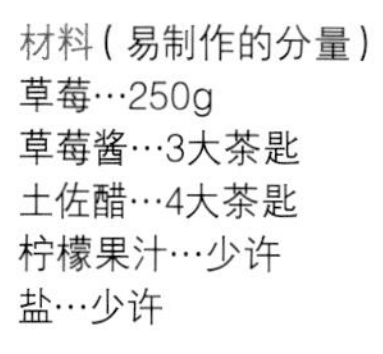

草莓醋

材料（易制作的分量）
草莓…250g
草莓酱…3大茶匙
土佐醋…4大茶匙
柠檬果汁…少许
盐…少许

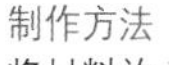

制作方法
将材料放入搅拌机充分搅拌。

●制作方法
1 用牙签穿起圆白菜保持其形状，切开，用盐水煮一下，立刻过冷水，冷下来后擦去表面的水分，撒上一点盐。
2 用盐水将荚果蕨煮熟，放入冷水保持颜色。然后擦去表面的水分，浸入八方汤汁。
3 在江珧柱上撒上盐，用火烤一下表面后放入冰水快速冷冻。切成适当的大小摆好。
4 去掉对虾的头部和背肠，剥壳，浸入沸水后立刻浸入冰水。冷却后取出，切掉尾部放一边，沿着背部轻轻切一刀，再次浸入冰水约3分钟。擦去表面的水分后对半切。
5 将魁蛤的身体、外套膜和肝脏分开，身体部分和外套膜部分用盐揉搓一会儿后冲洗干净，擦干后切开。用盐水煮肝脏部分。
6 在盘子里倒上草莓醋，摆上圆白菜、荚果蕨、江珧、对虾及魁蛤，用金橘皮点缀。

玄斋

■地址
兵库县神户市中央区中山手通7-5-15

■电话
078-351-3585

创作和食
飨 ~KYO~

店主 **伴正章**

这是一家享受独创性和食的人气餐厅。这一次店主通过蔬菜、腐竹、豆腐渣等的巧妙组合来降低成本，制作了受到女性喜爱的健康性刺身料理。

一口大的鱿鱼与豆腐渣小球　生姜酱油芡汁

制作方法→P16

用加了蛋黄酱、变得柔滑的豆腐渣代替寿司饭，用条纹状的鱿鱼包起来做成小球，用生姜酱油勾芡，用鲑鱼子做装饰。条纹状的鱿鱼感觉像是鱿鱼面一样，加上生姜清爽的味道，夏季的清凉感油然而生。

辛辣的金枪鱼肉料理　塔状

制作方法→P16

这一料理用模具将金枪鱼骨架上的肉和鳄梨做成圆筒形，放上各种蔬菜、鹌鹑蛋、真鳟卵等，非常多彩绚丽。还在立起的长紫苏花枝上撒上金箔，做出一种对肉眼的冲击感。味道方面，用加了干辣椒的辣椒酱油引出辣味，与上面的鹌鹑蛋的味道相结合的想法也包含在里面。

鱿鱼与绿芦笋

画着心形的芥末酱汁

制作方法→P16

用条纹状的鱿鱼包裹用盐水煮过的绿芦笋，交错立体地摆盘。周围淋上融合了芥末粉的法式沙拉酱，用水稀释过的番茄酱画上心形。通过低成本的食材搭配，做出了女性喜爱的西式味道。最上面加上鱼子酱更加增添丰富感。

用生春卷皮将金枪鱼骨架肉、泡好的腐竹、水菜包起来，立体地摆盘。淋上甜辣蛋黄番茄酱，用水稀释过的番茄酱画上心形。腐竹与金枪鱼很相配而且健康，女性非常容易接受。

金枪鱼与腐竹做成的生春卷　甜辣蛋黄番茄酱

制作方法→P17

鲑鱼葱卷　海胆酱油

制作方法→P17

搅拌机搅拌后的鲑鱼与万能葱、黄瓜一起用海苔卷起来，做成鲑鱼葱卷。在搅拌鲑鱼时加入橄榄油，会使其味道更像金枪鱼。鲑鱼非常受女性欢迎，而且比金枪鱼要更便宜。使用海胆酱油更增添几分海岸的味道。

炙烧海鳗　梅子果冻

制作方法→P17

开水焯过的海鳗与香味野菜一起盛在勺状器皿中，加上梅子果冻，做成注重外观及味道的现代海鳗料理。香味浓郁的蔬菜之下是橙醋酱油，可以像吃沙拉一样吃下海鳗。再用迷你番茄、细叶芹、酸橘来搭配颜色。

图片→P11

一口大的鱿鱼与豆腐渣小球
生姜酱油芡汁

●材料
鱿鱼…1/2只
豆腐渣…适量
砂糖…适量
酱油…适量
蛋黄酱…少许
生姜酱油芡汁…适量（制作方法另附）
黄瓜…适量
绿豆芽…适量
鲑鱼子…适量

生姜酱油芡汁

材料（比例）
汤汁…1
清酒…1
甜料酒…1
酱油…少许
生姜碎…少许
水溶淀粉…适量

制作方法
将汤汁、清酒、甜料酒、酱油、生姜碎放入锅中混合并加热，煮沸后加入水溶淀粉，呈黏稠状。连锅一起浸入冰水中冷却。

●制作方法
1 在豆腐渣中加入砂糖和酱油进行翻炒，变冷后与蛋黄酱一起混合并搅拌。
2 将鱿鱼做成条纹状。
3 将豆腐渣和鱿鱼放在保鲜膜上，按照球形寿司的做法做成圆形。
4 将生姜酱油芡汁倒入盘中，放上切成薄片的黄瓜，摆上步骤**3**的材料，点缀上鲑鱼子，放上绿豆芽。

图片→P12

辛辣的金枪鱼肉料理
塔状

●材料
金枪鱼骨架肉…200g
鳄梨…1/4个
辣椒酱油…适量（制作方法另附）
带香味的蔬菜…各适量
　黄瓜
　胡萝卜
　蘘荷
　白萝卜
葱白丝…适量
海苔丝…适量
迷你番茄…适量
黄瓜…适量
鹌鹑蛋…适量
真鳟卵…适量
白芝麻…适量
紫苏花枝…适量
细叶芹…适量
金箔…适量

辣椒酱油

材料（易制作的分量）
酱油…500mL
干辣椒…2个

制作方法
在温热的酱油里加入切碎的干辣椒，在常温下冷却。

●制作方法
1 将金枪鱼骨架肉和切成骰子状的鳄梨塞进圆形模具中，做成圆筒形。
2 将步骤**1**的材料摆进盘中，淋上辣椒酱油。放上切成丝的带香味的蔬菜、葱白丝、海苔丝、迷你番茄、黄瓜、鹌鹑蛋和真鳟卵，撒上白芝麻，立着放上紫苏花枝。用细叶芹装饰，再撒上金箔（吃的时候去掉）。

图片→P13

鱿鱼与绿芦笋
画着心形的芥末酱汁

●材料
鱿鱼…适量
绿芦笋…3根
葱白丝…适量
鱼子酱…适量
细叶芹…适量
芥末酱汁…适量（制作方法另附）
番茄酱…适量

芥末酱汁

材料
法式沙拉酱（白）…适量
芥末粉…适量
水…适量

制作方法
芥末粉水溶之后与法式沙拉酱混合。

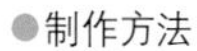

●制作方法
1 用剥皮器将每根绿芦笋较老的部分去掉后切成4等份。在加了盐的沸水中煮1~2分钟后浸入冰水中。
2 将鱿鱼做成条纹状，包上步骤**1**的绿芦笋。
3 将步骤**2**的材料每3根交错叠起4层，用葱白丝、鱼子酱和细叶芹装饰。
4 在步骤**3**的材料周围淋上芥末酱汁。最后，在酱汁上用水稀释过的番茄酱画出连续的心形。

图片→P14

金枪鱼与腐竹做成的生春卷
甜辣蛋黄番茄酱

●材料
金枪鱼骨架肉…200g
水菜…适量
菊苣…适量
泡好的腐竹…适量
生春卷皮…2张
迷你番茄…1个
洋葱丝…适量
海苔丝…适量
甜辣蛋黄番茄酱…适量（制作方法另附）
番茄酱…适量

甜辣蛋黄番茄酱

材料（比例）
蛋黄酱…6
辣味番茄酱…4

制作方法
将蛋黄酱和辣味番茄酱充分混合并搅拌。

●制作方法
1 将水菜和菊苣混合，与金枪鱼骨架肉、切段的腐竹一起，用生春卷皮卷成春卷。将做好的2个春卷分别切成4份。
2 将切口平的4份放在中间，切口倾斜的4份放在其周围。再放上用水冲洗过的洋葱丝、海苔丝，用迷你番茄装饰。
3 淋上甜辣蛋黄番茄酱，在酱上面用水稀释过的番茄酱画出连续的心形。

图片→P14

鲑鱼葱卷
海胆酱油

●材料
鲑鱼…适量
橄榄油…少许
寿司海苔…1片
万能葱…适量
黄瓜…适量
绿豆芽…适量
蛋黄酱…适量
海胆酱油（市售品）…适量

●制作方法
1 用搅拌机搅拌鲑鱼，其间加入橄榄油，再次搅拌。
2 在寿司海苔上摆好搅拌后的鲑鱼肉、万能葱和竖切的黄瓜，向里卷起。卷好后用菜刀在中间切开，一半切成4等份，另一半斜切成2等份。
3 在盘中淋上蛋黄酱，在上面放上步骤**2**的4等份鲑鱼葱卷，再在上面放上2等份鲑鱼葱卷。在盘子前面放上绿豆芽，淋上海胆酱油。

图片→P15

炙烧海鳗
梅子果冻

●材料
海鳗…适量
带香味的蔬菜…各适量
- 黄瓜
- 胡萝卜
- 蘘荷
- 白萝卜

橙醋酱油…适量
梅子果冻…适量（制作方法另附）
迷你番茄…适量
酸橘…适量
细叶芹…适量
芝士酱…适量

梅子果冻

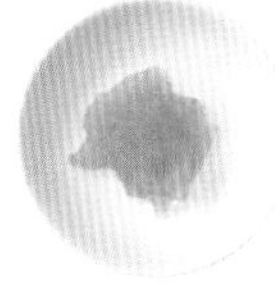

材料（易制作的分量）
汤汁…500mL
梅子干…4个
砂糖…少许
盐…少许
明胶薄片…2片

制作方法
将汤汁、过滤后用布榨出的梅肉汁、砂糖和盐放入锅中混合煮沸，加入用水泡软的明胶，搅拌，放入冰箱凝固。

●制作方法
1 将黄瓜、胡萝卜、蘘荷、白萝卜切丝，用水冲洗。
2 将海鳗去骨后切成一口大小，在沸水中过5~6秒后放入冰水。
3 芝士酱做成糊状用以将勺状器皿固定在盘上。在勺状器皿里加入橙醋酱油和蔬菜丝，在上面放上海鳗，用梅子果冻点缀。最后放上迷你番茄、酸橘和细叶芹。

创作和食
飨 ~KYO~

■地址
东京都墨田区东向岛2-30-11

■电话
03-3611-9060

夕

店主 **川久保贤志**

这里的料理使用严选食材制作，在这里能够与日本红酒一起享受美味料理，这是一家得到很高评价的和食店。这里展示了以与红酒搭配为主题、活用果蔬进行调味的刺身料理。

北海大章鱼薄片　紫圆白菜与姜的混合醋

制作方法→P23

水焯过的大章鱼片，加上足够的当季小芦笋，做成了香味和口感都非常受欢迎的刺身料理。大章鱼片周围的调味酱是用紫圆白菜、洋葱、姜（甜醋生姜）等混合制作的。切好的生姜味道变得突出，搭配红酒更加清爽。

鞑靼式马肉与山药、秋葵　酸奶蛋黄酱

制作方法→P23

像千层酥一样将拍碎的马腿肉、秋葵、山药按顺序叠起来。也有客人吃不惯马肉刺身，所以让腿瘦肉充分吸收酱油，能够引出其甜味且使其味道更柔和。盘中的酸奶蛋黄酱里也添加了生姜汁，味道会变得清爽起来。

水焯海鳗　水果番茄梅子肉酱汁

制作方法→P23

海鳗与梅子肉非常相配，再加上甜味强烈的水果番茄，变成了带有水果酸味的海鳗料理。淀粉勾芡将更能引出海鳗柔滑的味道。为了保持食材本身的味道，铺在下面的菠菜煮后并没有进行调味。

汤霜红金眼鲷鱼——生鱼片沙拉　胡萝卜、西芹泥酱料

制作方法→P24

富含脂肪的红金眼鲷鱼，与胡萝卜、西芹、洋葱等制成的酱汁一起，做成清爽的沙拉。为了活用蔬菜丰富的味道，将红金眼鲷鱼过了一下热水，去除其多余的脂肪。酱料中的蔬菜并没有切得太碎，保留了一定的口感，能够均衡地摄取蔬菜营养的满足感也是本料理的一大魅力。

夏橘清爽的酸味与鳄梨的黏稠浓厚相结合的酱具有非常特别的味道。稍稍炙烤江珧可引出其鲜甜。两者绝妙搭配，做成了让人印象深刻的刺身料理。再加上青葱与胡葱鲜艳的颜色，这是一道非常受女性喜爱的料理。

烧霜江珧　夏橘鳄梨酱

制作方法→P24

土佐造鲣鱼　西蓝花橙醋酱油

制作方法→P24

将煮过后引出甜味的西蓝花做成糊状，兑入自家制的橙醋酱油，作为鲣鱼肉的酱汁。因橙醋酱油中加入了西蓝花的甜味，鲣鱼的味道变得柔和起来。酱汁很容易随着时间的流逝而变色，所以在上菜前再将西蓝花与橙醋酱油混合，以保证西蓝花的翠绿。

图片→P18

北海大章鱼薄片
紫圆白菜与姜的混合醋

●材料
大章鱼腕足…80g
紫圆白菜与姜的混合醋
…适量（制作方法另附）
小芦笋…80g
迷你番茄…2个
紫苏花穗…适量

紫圆白菜与姜的混合醋

材料（易制作的分量）
紫圆白菜…1/2个
洋葱…2个
米醋…360mL
腌生姜片（市售品）…30g
橄榄油…120mL
盐…适量
胡椒…适量

制作方法
将紫圆白菜、洋葱和米醋放入搅拌机搅拌后取出，加入切好的生姜，兑入橄榄油，用盐和胡椒调味。

●制作方法
1 将大章鱼腕足清理干净，用菜刀剥掉皮，在80℃左右的水里过一下，立刻放入冰水，剥掉剩下的皮，切成圆薄片。
2 用加盐的水煮小芦笋，切成易入口的长度。将迷你番茄对半切开。
3 将章鱼片和小芦笋、迷你番茄摆盘，淋上足够的紫圆白菜与姜的混合醋，撒上紫苏花穗。

图片→P19

鞑靼式马肉与山药、秋葵
酸奶蛋黄酱

●材料
马肉（大腿肉）…45g
浓酱油…适量
秋葵…适量
盐…适量
山药…适量
酸奶蛋黄酱…适量（制作方法另附）

酸奶蛋黄酱

材料（比例）
酸奶…2
蛋黄酱…1
榨生姜汁…适量
黑胡椒…适量

制作方法
将全部材料混合并搅拌。

●制作方法
1 使用马大腿的瘦肉，用菜刀拍打，加入浓酱油让其充分吸收。
2 给秋葵刷上盐，在沸水中煮一下，用菜刀拍打成末。山药也同样进行拍打。
3 按马肉、秋葵、马肉、山药、马肉的顺序，将材料放入圆形模具中做出形状。定型后向上拿掉模具，再用剩下的山药和秋葵进行装饰。
4 淋上酸奶蛋黄酱，完成。

图片→P20

水焯海鳗
水果番茄梅子肉酱汁

●材料
海鳗…适量
淀粉…适量
水果番茄梅子肉酱汁
…适量（制作方法另附）
菠菜…1/2束
酸橘…1/2个

水果番茄梅子肉酱汁

材料（易制作的分量）
水果番茄（中等大小）…2个
梅子干…3个
橙醋…30mL
白酱油…10mL

制作方法
将水果番茄切末，与滤细了的梅子干果肉、橙醋、白酱油混合并搅拌成泥状。

●制作方法
1 将海鳗去骨，切成易入口的大小，并涂满淀粉，包括骨头的缝隙。放入温水，煮至鱼身像花一样展开，放入冰水，然后擦去表面的水分。
2 菠菜用盐水煮过后捞起，擦去表面的水分，切成易入口的长度，分成5等份装盘。
3 在菠菜上放上海鳗，加上足够多的水果番茄梅子肉酱汁，装饰上酸橘。

图片→P21

汤霜红金眼鲷鱼——生鱼片沙拉
胡萝卜、西芹泥酱料

●材料
红金眼鲷鱼…适量
胡萝卜、西芹泥酱料
…适量（制作方法另附）
葱白丝…适量
水菜…适量
嫩菜叶…适量
迷你番茄…3个

胡萝卜、西芹泥酱料

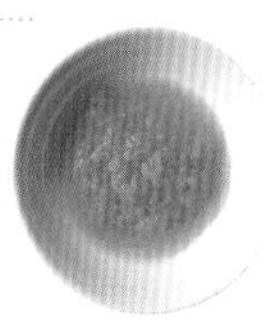

材料（易制作的分量）
胡萝卜…2根
西芹（茎部）…3根
洋葱…1个
苹果醋…360mL
色拉油…180mL
盐…适量
胡椒…适量

制作方法
将胡萝卜、西芹、洋葱各研末，混合起来，加入苹果醋和色拉油搅拌，用盐和胡椒调味。

●制作方法
1 只留鱼向上一面的皮，盖上一层白布，来回浇上热水做成“汤霜”（只表面受热变白）。放入冰水，去除表面的水分后，做成削木板的样子。
2 将用水冲洗过的葱白丝和切成易入口大小的水菜混合起来，放在盘子中，在周围摆上鱼肉。淋上胡萝卜、西芹泥酱料，放上嫩菜叶，装饰上分成4等份的迷你番茄。

图片→P22

烧霜江珧
夏橘鳄梨酱

●材料
江珧柱…3个的分量
夏橘鳄梨酱…适量（制作方法另附）
配菜…各适量
青紫苏叶
胡葱
青葱

夏橘鳄梨酱

材料（易制作的分量）
夏橘…1个
鳄梨…1个
盐…适量
柠檬果汁…适量

制作方法
取出夏橘和鳄梨的果肉，切成适当大小后混合起来，用盐和柠檬果汁调出咸味和酸味。

●制作方法
1 用燃烧器在江珧柱表面炙烤使其变色，切成易入口的大小。
2 把青紫苏叶铺在盘里，放上江珧柱，撒上切碎的胡葱和切末的青葱，在旁边添上夏橘鳄梨酱。

图片→P22

土佐造鲣鱼
西蓝花橙醋酱油

●材料
鲣鱼…100g
盐…适量
西蓝花橙醋酱油…适量（制作方法另附）
配菜…各适量
青紫苏叶
蘘荷
胡葱
迷你番茄

西蓝花橙醋酱油

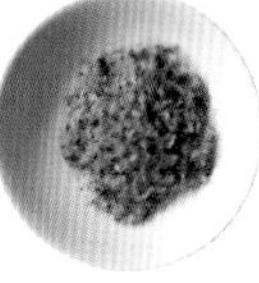

材料（易制作的分量）
西蓝花…200g
混合汤汁（※）…100mL
橙醋酱油（※）…50mL

制作方法
西蓝花用盐水煮至翠绿，放入搅拌机搅成糊状。为了保持颜色，在上菜前再兑入混合汤汁和橙醋酱油。

※混合汤汁是以鲣鱼汤8、白酱油1、甜料酒1的比例混合而成的汤汁。

※橙醋酱油的制作方法如下：按照橙醋1、酱油1、浓酱油1/4、甜料酒1/2、酒1/2、海带适量、鲣鱼节适量的比例，混合所有材料，发酵2周，使味道稳定下来。

●制作方法
1 准备好鱼肉变得像栅栏一样的鲣鱼，用铁扦穿上并撒上盐，过热水后去水分，皮的部分变紧、变硬后切片。
2 把青紫苏叶铺在盘里，摆上鲣鱼，加上足够的西蓝花橙醋酱油，再放上蘘荷丝、切碎的胡葱和切成梳状的迷你番茄。

夕

■地址
东京都世田谷区三轩茶屋2-55-12
Lions Mansion（雄狮公寓）101

■电话
03-3412-7550

La Rochelle
SANNO

拉罗谢尔　山王店

总厨　**工藤敏之**

**总厨兼经营者坂井宏行氏经营着一家有名的法国餐厅。
2010年开业的山王店以红色为基调，给人一种格调特别的印象，受到各年龄层顾客的支持。**

比目鱼水果布丁　配酸奶酱汁…… 制作方法→P30

海带裹比目鱼与切成薄片的西葫芦，白与绿优雅地交织在一起，做成了圆柱形的“水果布丁”。带酸味的酸奶酱汁缓和了生食特有的涩，做出了优雅的味道。一部分比目鱼肉与罗臼海带一起切碎，藏在编成网状的西葫芦下面。剩下的鱼肉切薄片，与胡葱、海带一起，在使用圆形模具时，用在圆柱形的侧面。

拉罗谢尔式想象——日本长额虾　色彩绚丽

制作方法→P30

此为加入“和”的元素却依旧绚丽的一道料理。通过虾刺身的多种酱汁以及多种蔬菜的组合，可以在这一道料理中享受多种味道。玻璃器皿中的雪莉酒醋酱汁是在酸味极强的雪莉酒醋的基础上，加入牛奶和大豆磷脂制成的泡沫状酱汁。另外，鳀鱼蘸酱也用凝结剂做成粉末状等，改变各种酱汁的形状以提高顾客的满意度。

新鲜金枪鱼与鱼子酱的马赛克

制作方法→P30

加入法式要素，做成“稍显丰富的金枪鱼刺身”感觉的一道料理。通过鱼子酱的组合提高丰盛感，使用当季蔬菜的花和芦笋来表现季节感。油菜花酱汁与金枪鱼相对比，外观也非常漂亮。为了保持金枪鱼优质的味道，只使用盐和橄榄油稍稍调一下味。油菜花也在盐水中煮，然后做成用橄榄油调整浓度的酱汁，引出其细微的味道。

泡塔斯马尼亚鲑鱼　鳄梨与杧果卷

制作方法→P31

把富含油脂的塔斯马尼亚鲑鱼做成泡鱼，提供棒状和鞑靼式（碎肉泥）两种形状。鲑鱼肉的橙色与鳄梨和杧果的颜色相映衬，宛如春天般绚丽的一道料理。因为将同样黏滑的食材组合起来，吃的时候口中也能享受到调和的味道。酱汁中还使用了杧果，其优雅的甜味与鱼非常相配。杧果酱中加入法式芥末酱、香槟酒醋，可以引出其味道。

熏制鰤鱼　配茼蒿汤与蔬菜

制作方法→P31

这是一种要与做成冷汤的酱汁搭配起来的新式刺身料理。鰤鱼刺身只稍微在表面进行了熏制而得以去除腥味并增香。酱汁则是在土豆冷汤（vichyssoise）的基础上加入茼蒿泥制成的。本料理不仅美观，而且茼蒿的香味也能代替调味料衬托出鰤鱼的味道。至于其他搭配食材，用鲣鱼汤汁煮透的白萝卜、藕、芜菁等和风蔬菜组合起来，在乐趣及新鲜感上下足了功夫。

图片→P25

比目鱼水果布丁
配酸奶酱汁……

材料（4人份）
比目鱼肉…280g
罗臼海带…适量
盐…适量
酱油…适量
橄榄油…适量
西葫芦…1个
胡葱…4根
萬苣缬草（野苣）叶…50~60片
酸奶酱汁（分量及制作方法另附）

酸奶酱汁

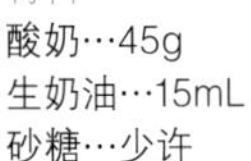

材料
酸奶…45g
生奶油…15mL
砂糖…少许

制作方法
混合酸奶和生奶油，用砂糖进行调味。

制作方法
1 将比目鱼肉去皮，撒上盐。再用罗臼海带包好，裹上保鲜膜。在冰箱中冷藏一晚。
2 将比目鱼肉切薄片。在圆形模具内侧涂上橄榄油，贴上比目鱼片（1份约40g）。
3 将步骤2中剩下的比目鱼肉（1份约30g）切碎。将步骤1的罗臼海带切碎，与比目鱼肉混合，用酱油调味。
4 将西葫芦切成带状薄片，加盐稍煮一下。去除表面的水分后编成网状。
5 用西葫芦包好步骤3的鱼肉，整理成圆形，塞进步骤2的圆形模具中。整理好形状，将罗臼海带切成细长条，与胡葱一起把周围围起来。
6 在盘中浇上酸奶酱汁，放上步骤5的材料，周围用萬苣缬草装饰。

图片→P26

拉罗谢尔式想象——日本长额虾　色彩绚丽

大盘料理

材料（4人份）
日本长额虾…4尾
胡萝卜…40g
牛蒡…40g
白萝卜…40g
白芦笋…40g
鸡骨清汤…适量
红皮白萝卜（薄片）…8片
迷你番茄…1个
甜菜根…2根
米粥薄片
　米粥…60g
　小麦粉…30g
　帕尔马干酪…适量
雪莉酒醋酱汁
（分量及制作方法另附）

雪莉酒醋酱汁

材料
雪莉酒醋…40mL
法式沙拉酱…120mL
牛奶…适量
大豆磷脂…少许

制作方法
1 混合法式沙拉酱和雪莉酒醋，倒入玻璃杯具中。
2 牛奶倒入锅中，加热至约35℃。大豆磷脂倒入牛奶中，溶化后用调酒壶搅至起泡，倒到步骤1的材料中。

制作方法
1 稍煮一下虾，去壳。
2 将胡萝卜、牛蒡、白萝卜、白芦笋去皮，分别用鸡骨清汤煮软。切成同样大小的棒状。
3 制作米粥薄片。将米粥用搅拌机搅拌后倒入碗中。加入小麦粉混合。用滤网滤细后，在长方形框中倒入薄薄的一层，撒上帕尔马干酪。放入180℃的烤箱中烤约10分钟。
4 在盘中摆好红皮白萝卜薄片，摆上步骤2的蔬菜，将虾摆在上面。再装饰上迷你番茄薄片和甜菜根。摆上装有雪莉酒醋酱汁的玻璃杯具。装饰上米粥薄片。

长盘料理

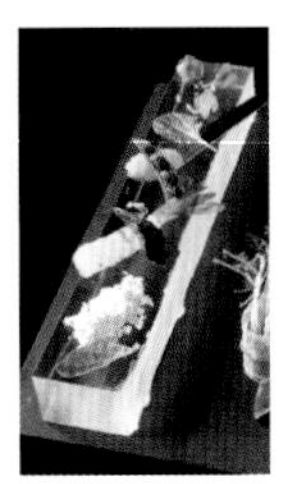

材料（4人份）
日本长额虾…8尾
白酱油…适量
荷兰豆…4个
鱼子酱…适量
鳀鱼蘸酱（粉末状）
…适量（制作方法另附）
核桃…适量
金莲花…适量
香草类食材…适量

鳀鱼蘸酱

材料（约10人份）
大蒜…100g
鳀鱼…60g
橄榄油…200mL
麦芽糊精（Maltosec）…适量

制作方法
1 将大蒜、橄榄油放入锅中小火煮（约90℃）。
2 大蒜变软后加入鳀鱼，立刻熄火。
3 大致放凉后用搅拌机搅拌，用厨房用纸过滤。只取油的部分，用麦芽糊精制成粉末。

制作方法
1 将长额虾（4尾）用菜刀拍打，用白酱油调味。卷成球状放在调羹上。
2 将长额虾（4尾）去壳，直接放在盘中。
3 将荷兰豆加盐稍煮一下，上面用鱼子酱装饰。
4 将鳀鱼蘸酱（粉末状）、核桃、金莲花、香草类食材作为装饰。

图片→P27

新鲜金枪鱼与鱼子酱的马赛克

材料（4人份）
金枪鱼…200g
盐…少许
橄榄油…适量
土豆泥
　土豆…1个
　生奶油…50mL
　黄油…适量
　盐…适量
　胡椒…适量
芦笋…8根
鱼子酱…160g
小萝卜…1个

法国埃斯珀莱特辣椒(Espelette)…少许
小茴香…4根
油菜花酱汁(分量及制作方法另附)

油菜花酱汁

材料
油菜花…适量
橄榄油…少许

制作方法
1 油菜花加盐煮，连水一起倒入搅拌机搅拌。
2 过滤后做成酱状。用橄榄油调整浓度。

制作方法
1 将金枪鱼切成同样大小的长方体，每个约10g。拌上盐和橄榄油。
2 制作土豆泥。土豆去皮，切片(稍厚)。加盐水煮，变软后，换空锅将其水分煮干。用滤网过滤后加入生奶油、黄油、盐、胡椒调味。
3 将芦笋用盐水煮。
4 将步骤**1**的金枪鱼放在盘子上，空隙处挤上步骤**2**的土豆泥。在土豆泥上放上鱼子酱，四周摆上步骤**3**的芦笋。用油菜花酱汁、小萝卜薄片、法国埃斯珀莱特辣椒、小茴香装饰。

图片→P28

泡塔斯马尼亚鲑鱼
鳄梨与杧果卷

材料(4人份)
塔斯马尼亚鲑鱼…120g
盐…适量
砂糖…适量
鞑靼鲑鱼
　塔斯马尼亚鲑鱼…80g
　鳄梨…80g
　杧果…80g
　蛋黄酱…适量
　柠檬果汁…少许
鳄梨…1个
杧果…1个
咸鲑鱼子…40g
胡葱…4根
萬苣缬草…8片
金箔…少许
杧果酱汁(分量及制作方法另附)

杧果酱汁

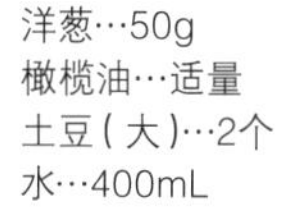

材料
蜂蜜…60mL
杧果酱…30mL
法式芥末酱…少许
香槟酒醋…30mL
橄榄油…120mL

制作方法
1 将蜂蜜、杧果酱、法式芥末酱在碗中混合。
2 加入香槟酒醋，用橄榄油调开即可。

制作方法
1 将盐、砂糖按1:2的比例混合。将其涂到塔斯马尼亚鲑鱼(包括鞑靼鲑鱼的材料)上，120g做成泡鱼，切成长方形(1根约30g)。
2 制作鞑靼鲑鱼。将步骤**1**剩下的鲑鱼用菜刀拍碎。混合鳄梨、杧果后继续拍碎，用蛋黄酱和柠檬果汁调味。
3 鳄梨、杧果切薄片，在保鲜膜上交互排列。在上面放上鞑靼鲑鱼，卷成圆筒状。
4 在盘中央放上步骤**1**的鲑鱼，用鲑鱼子和胡葱装饰。两边放上步骤**3**的材料，涂上杧果酱汁，用萬苣缬草、金箔装饰。周围用杧果酱汁装饰。

图片→P29

熏制鰤鱼
配茼蒿汤与蔬菜

材料(4人份)
鰤鱼…120g
盐…适量
樱花瓣…适量
藕…100g
白萝卜…100g
牛蒡…50g
芜菁…100g
鲣鱼汤汁…适量
对虾…4尾
小萝卜…1个
茼蒿(叶，装饰用)…8片
橄榄油…适量
茼蒿汤…30mL(分量及制作方法另附)

茼蒿汤

材料(约10人份)
韭葱…50g
洋葱…50g
橄榄油…适量
土豆(大)…2个
水…400mL
生奶油…适量
茼蒿…1/3把

制作方法
1 制作土豆冷汤。将韭葱、洋葱切薄片，用橄榄油炒。变软后加入去皮的土豆和水，煮至变软。倒入搅拌机搅拌，过滤后用生奶油调整浓度。
2 制作茼蒿泥。将茼蒿叶的部分加入盐水中煮。连水一起倒入搅拌机搅拌，过滤。
3 将土豆冷汤和茼蒿泥混合。

制作方法
1 将鰤鱼涂上盐，用樱花瓣稍微熏制。之后切薄片。
2 将藕、白萝卜、牛蒡、芜菁切成喜欢的大小，分别事先煮好。然后在鲣鱼汤汁中煮透，直接放凉。
3 将对虾加入盐水中煮。
4 在深盘中倒入茼蒿汤，摆上步骤**1**的鰤鱼、步骤**2**的蔬菜、步骤**3**的对虾。用小萝卜薄片和茼蒿装饰，浇上橄榄油。

La Rochelle SANNO
山王店

地址
东京都千代田区永田町2-10-3
东急Capitol Tower(议事堂大楼)1楼

电话
03-3500-1031

Cuisine Franco-Japonaise Matsushima

日本松岛料理

店主 大厨 **松岛朋宣**

与日本的生产者进行交流从而选出食材，表现出日本人一直以来的季节感。超越了这一领域法式料理的独创料理广受好评，其料理教室也具有很高人气。

盐曲腌淡路虎豚、白芦笋和橙子皮　蔬菜冻

制作方法→P37

恰到好处的鲜味，来自西洋料理中非常方便的一种调味料，松岛朋宣先生在它广为人知以前便开始使用了。制作这一料理时考虑的另一点则是咀嚼时间。品尝过程中只有一种食材停留在口中的话会让人觉得不够美味。通过肉质较硬的虎豚和具有丰富纤维的芦笋的组合，避免了只有虎豚肉停留在口中这一问题。一直散发着香味的橙子皮则是另一种清爽。

北海道鹿肉沙拉　苹果和枫糖浆酱汁

制作方法→P37

将用苹果汁和枫糖浆腌泡过的鹿大腿肉拍松，浇上煮收汁的酱汁。鹿肉具有清爽的味道和黏稠的口感，料理时要注意活用这两个特点。清爽的味道很容易变得单调，这一料理用腌泡和炙烤为其增添了变化；另外，熟过头的话，黏稠的口感会减弱，因此只需用平底锅稍微煎一下就可以了。通过这样的增香，可以给人以厚重而又稍带鲜艳的印象。

鞑靼马瘦肉（熊本产） 腌渍鸡蛋、茼蒿酱

制作方法→P37

此为将切小块后用柠檬果汁和香草调好味的马肉，与太白芝麻油腌渍的蛋黄和茼蒿酱结合起来的一道料理。制作鞑靼式马肉的话，瘦肉比肥瘦相间的要更美味，但瘦肉比较清淡，想增添一些鲜味以及浓厚感，所以这道料理就诞生了。腌渍蛋黄的芝麻油事先熏制好，可以将熏制的香味转移到蛋黄中。为了保持蛋黄的黏滑感，做成了并非全生的程度。茼蒿酱则是将茼蒿泥和半熟鸡蛋用蔬菜清汤混合起来制成的，通过香味的重叠引出马肉的鲜味。

烧霜传助星鳗

配春季蔬菜、梅香酱汁

制作方法→P38

在日本关西地区，人们把大星鳗称为“传助”，做成刺身或火锅来享受其极具弹力的口感。虽然刺身通常用梅子肉搭配，但这次则是搭配了用蔬菜清汤和橄榄油减弱了梅子酸味的酱汁，却意外地品尝到星鳗更浓的鲜味。酱汁中添加了带一点点酸味的苹果酒醋，隐约可以感觉到苹果的香气。与酱汁一样，油菜花、芦笋、蕾菜等春季蔬菜所带有的涩和苦也使星鳗的鲜甜更为突出。

淡路鸡胸肉条、竹笋、山葵花　雪莉酒醋酱汁

制作方法→P38

鸡胸肉与山野菜组合，成为充满春天气息的一道料理。酱汁用雪莉酒醋和柠檬果汁做出了散发着香气的酸味，加入青葱末，更赋予其层次感。用少量砂糖和盐软化过的山葵花则为清淡的鸡胸肉提味。煮过的竹笋的香味也增添了几分风味。鸡胸肉、竹笋、山葵花各有其独立的鲜味，用雪莉酒醋酱汁的酸味将这些一体化，给人一种清爽的印象。

图片→P32

盐曲腌淡路虎豚、白芦笋和橙子皮
蔬菜冻

◍材料（4人份）
虎豚（处理好的）…200g
　盐曲…20g
橙子皮…1个的分量
白芦笋…9~12根
蔬菜清汤
　洋葱…1个
　西芹梗…1.5根
　白萝卜皮…1个的分量
　盐…1大茶匙
　白胡椒…1小茶匙
　水…2L
蔬菜冻…适量（制作方法另附）

蔬菜冻

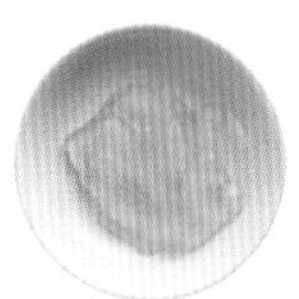

材料（易制作的分量）
蔬菜清汤…300mL
明胶片…5g

制作方法
取下面步骤**5**中煮过白芦笋的蔬菜清汤300mL，倒入锅中加热，加入明胶片溶化，凝固成片状。

◍制作方法
1将虎豚去除表面的水分，用盐曲腌制一晚。
2橙子皮焯3次水，用水和白砂糖比例为5:1的糖水（分量外）煮。
3将白芦笋去皮。
4将蔬菜清汤的材料（包括步骤**3**的芦笋皮）放入锅中加热，沸腾后煮约45分钟，充分引出蔬菜的香味，过滤。
5用步骤**4**的清汤煮芦笋，变软后直接放凉。
6将步骤**1**的虎豚切薄片。
7在盘中摆上白芦笋、虎豚片、切碎的步骤**2**的橙子皮、蔬菜冻。

图片→P33

北海道鹿肉沙拉
苹果和枫糖浆酱汁

◍材料（4人份）
北海道鹿大腿肉…200g
腌制酱汁
　枫糖浆（中等）…50g
　苹果汁（100%）…250mL
　水…200mL
芜菁（中等大小）…1个
苹果…1/2个
嫩菜叶（有机栽培）…适量
盐…适量
苹果和枫糖浆酱汁
…适量（制作方法另附）

苹果和枫糖浆酱汁

材料
腌制酱汁…适量

制作方法
将下面步骤**4**取出鹿肉后的酱汁加热，去除涩味，煮至黏稠。

◍制作方法
1将枫糖浆、苹果汁和水混合，泡入鹿肉，在冰箱中放置一晚以转移香味。
2将芜菁切成一口大小，揉上盐，放置一晚。
3将苹果切成和芜菁一样的大小。
4将鹿肉从腌制酱汁中取出，擦去表面的水分，用平底锅稍微煎一下表面，拍松。
5将鹿肉切薄片，撒上盐。
6将鹿肉片和芜菁、苹果、嫩菜叶一起摆盘，浇上苹果和枫糖浆酱汁。

图片→P34

鞑靼马瘦肉（熊本产）
腌渍鸡蛋、茼蒿酱

◍材料（4人份）
熊本产马瘦肉…200g
　熏盐…适量
　青葱…适量
　意大利欧芹…适量
　盐渍柠檬（皮）…适量
　柠檬果汁…约1个的分量
　EXV橄榄油…适量
腌渍鸡蛋
　蛋黄…4个
　太白芝麻油…适量
　熏木…适量
茼蒿酱…适量（制作方法另附）

茼蒿酱

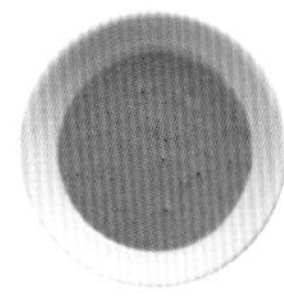

材料（易制作的分量）
茼蒿泥…100g
蔬菜清汤…20mL
半熟鸡蛋…1/2个
EXV橄榄油…100mL
盐…适量

制作方法
将材料倒入搅拌机，充分搅拌即可。

◍制作方法
1制作腌渍鸡蛋。将太白芝麻油倒入碗中，用熏木进行熏制。油温控制在80℃，将蛋黄煮8分钟。
2将马肉切块，混合熏盐、青葱末、欧芹、盐渍柠檬（皮）、柠檬果汁、EXV橄榄油，进行调味。
3将步骤**2**的马肉摆盘，摆上腌渍鸡蛋、茼蒿酱。

图片→P35

烧霜传助星鳗
配春季蔬菜、梅香酱汁

●材料（4人份）
传助星鳗（大星鳗）…200g
油菜花…1/2束
蕾菜…适量
芦笋…适量
款冬…适量
梅香酱汁（分量及制作方法另附）

梅香酱汁

材料
梅子肉…25g
苹果酒醋…60mL
蔬菜清汤…60mL
EXV橄榄油…10mL
盐…适量

制作方法
将材料倒入搅拌机，充分搅拌即可。

●制作方法
1 将油菜花、蕾菜加盐（分量外）水煮。
2 将芦笋切成适当大小，浸入加了醋（分量外）的水中，保持颜色。
3 将款冬去筋水煮，与用盐调好味的蔬菜汤一起放入容器中进行调味。
4 将星鳗去掉黏液，去骨，擦盐（分量外），炙烤表面使其散发出香味。
5 将切成方便食用大小的星鳗和蔬菜摆盘，浇上梅香酱汁。

图片→P36

淡路鸡胸肉条、竹笋、山葵花
雪莉酒醋酱汁

●材料（4人份）
鸡胸肉条…2~4根
竹笋（小）…2根
| 蔬菜汤…适量
山葵花…1束
| 盐…1大茶匙
| 砂糖…1小茶匙
雪莉酒醋酱汁
…适量（制作方法另附）

雪莉酒醋酱汁

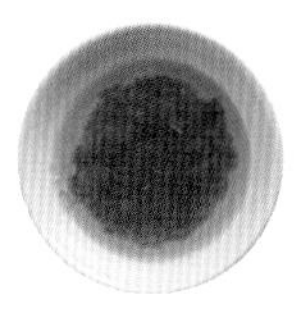

材料
雪莉酒醋…40mL
EXV橄榄油…50mL
青葱（末）…25g
柠檬果汁…20mL
盐…4g

制作方法
将材料混合起来。

●制作方法
1 竹笋加米糠和红辣椒水（分量外）煮，去涩。直接放凉后，用水冲洗掉米糠。
2 将竹笋放入蔬菜汤中稍微煮一下。
3 将山葵花切为方便食用的长度，洗净，涂上盐和砂糖。变软后过沸水，稍稍去水分后，放入密闭容器中摇动（约15分钟）。
4 给鸡胸肉撒上盐（分量外），放在加热过的烤网上烤出焦痕，切薄片。
5 在盘中摆上切为适当大小的竹笋、鸡胸肉、山葵花，再次搅拌雪莉酒醋酱汁后浇上。

Cuisine Franco-Japonaise
Matsushima

■**地址**
兵库县神户市中央区山本通3-2-16
粉彩南楼1楼

■**电话**
078-252-8772

Osteria L'aranceto

橘园酒馆

店主 大厨 **奥本浩史**

这是位于日本神户北野的地中海·意大利料理店。大量使用蔬菜和香草、料理色彩鲜艳是其魅力所在。来自签订合同的农家的蔬菜、濑户内的新鲜鱼类与意大利产食材相结合，实现地产地销。

明石鲷鱼生肉片料理（Carpaccio） 绿胡椒和香草风味

制作方法→P44

在鲷鱼刺身上涂上绿胡椒酱汁，与各种香草和番茄组合搭配出了这道料理。绿胡椒（未成熟的生胡椒）磨碎后有一种清爽的风味和醇厚的辣，用柠檬果汁和橄榄油调开，最后加入青葱，隐含的鲜明的味道与肥美的鲷鱼非常相配。香草则大量使用了小茴香、龙蒿叶、细香葱、薄荷等具有特色香味的食材。周围散落的扫帚菜籽亦为口感增添了变化。

平鲉与针鱼刺身　双色芦笋、八朔橘、菊苣与鱼子酱

制作方法→P44

此为象征春天的一道刺身料理。刺身是平鲉和针鱼，与芦笋和八朔橘一同放在菊苣上面。酱汁有起着芥末酱作用的意大利酱汁和加了帕尔马干酪的意面酱。与作为容器的菊苣一起品尝的话，首先尝到的是用两种酱汁增添风味的鱼的清爽的鲜味，接着则是芦笋与八朔橘软滑的甜，最后是菊苣的微苦，让人感受到春天的气息。

黑金枪鱼　茴香、柑橘类水果与当季蔬菜沙拉

制作方法→P44

将本身就带有肉的感觉的黑金枪鱼拍松，配上多种柑橘类水果与带甜味的酱汁。酱汁有意大利葡萄白醋酱汁与带籽芥末酱及意面酱汁。意大利葡萄白醋酱汁中加入了带有柑橘香的橙汁橄榄油和带甜味的意大利葡萄白醋，但仅仅这样还不够浓厚，所以还加了意大利酱汁。配上柑橘类水果与蔬菜、乌鱼子，口感非常丰富。如果使用其他肉类的话，推荐方头鱼、鲸、蓝点马鲛、青背鱼等。

活明石章鱼片、蒜香辣椒橄榄油
泉州水茄子、水果番茄与鳄梨

制作方法→P45

去掉活章鱼的皮并切成薄片，将皮上柔软的吸盘切下来。这一料理原本是将章鱼切块，但是为了发挥出明石章鱼的鲜美和具有吸附力的口感，特将章鱼切成了薄片。趁热浇上蒜香辣椒橄榄油。奥本浩史先生的料理的特征就是使用多种蔬菜及水果，这一料理中也使用了切成小块的水茄子、鳄梨、水果番茄，增添了几分鲜嫩。将鳄梨弄碎拌开也非常美味。

河内鸭片与烤蔬菜

意大利葡萄黑醋、芥末酱和九条葱酱汁　松露风味

制作方法→P45

只烤了表面的鸭肉，配上松露风味及香葱风味的两种酱汁。河内鸭在拥有浓厚感的同时还有一种整体的清爽感。因此，通过使用两种酱汁，大家在一道料理中感受到了两种不同的味道和口感。松露风味酱汁是在具有强烈鲜香的松露酱中加入清爽的意大利葡萄黑醋和带籽芥末酱制成的。另外，九条葱酱汁则保持了葱的风味、鳀鱼的咸香，激活了鸭肉的浓厚感。推荐使用当季蔬菜，其中芝麻菜必不可少。

图片→P39

明石鲷鱼生肉片料理（Carpaccio）
绿胡椒和香草风味

●材料
明石鲷鱼…适量
 盐…适量
 绿胡椒酱汁
 …适量（制作方法另附）
水果番茄…适量
香草…各适量
 意大利欧芹
 细叶芹
 小茴香
 龙蒿叶
 细香葱
 薄荷
扫帚菜籽…适量
 柠檬果汁…适量
 EXV橄榄油…适量
EXV橄榄油…适量

绿胡椒酱汁

材料（易制作的分量）
绿胡椒…50g
柠檬果汁…100mL
橄榄油…300mL
盐…5g
青葱（末）…100g

制作方法
将绿胡椒、柠檬果汁和盐放入搅拌机搅拌，其间逐次少量加入橄榄油，然后停止搅拌，加入青葱。

●制作方法
1 鲷鱼撒上盐，切薄片装盘，涂上绿胡椒酱汁。
2 将水果番茄切成宽5mm的丁，香草切丝，放到步骤1的鲷鱼上。
3 将扫帚菜籽与柠檬果汁和橄榄油一起调开，洒在步骤2的材料周围。
4 整体洒上橄榄油。

图片→P40

平鲉与针鱼刺身
双色芦笋、八朔橘、菊苣与鱼子酱

●材料
平鲉…适量
针鱼…适量
 盐…适量
 柠檬果汁…适量
绿芦笋…适量
白芦笋…适量
八朔橘…适量
菊苣…适量
意大利酱汁…适量（制作方法另附）
意面酱…适量（制作方法另附）
鱼子酱…适量
细叶芹…适量

意大利酱汁

材料
洋葱…30g
白葡萄酒醋…80mL
第戎芥末酱…10g
带籽芥末酱…10g
白砂糖…4g
橄榄油…250mL
盐…少许
胡椒…少许

制作方法
将除橄榄油以外的所有材料倒入搅拌机搅拌，其间逐次少量加入橄榄油混合。

意面酱

材料
罗勒（叶）…50g
松子…30g
大蒜…1片
EXV橄榄油…150mL
帕尔马干酪（磨碎）…20g

制作方法
将EXV橄榄油、松子、大蒜放入搅拌机搅拌，其间逐次少量加入罗勒，最后加入帕尔马干酪。

●制作方法
1 将平鲉和针鱼横切成3片，做成刺身，撒上盐并浇上一点柠檬果汁。
2 将绿芦笋和白芦笋水煮，切成3cm左右的长度。
3 取出八朔橘的籽。将菊苣一片片剥开。
4 将菊苣、芦笋、八朔橘叠放在盘中，放上做成一口大小的平鲉片和针鱼片，浇上意大利酱汁和意面酱。
5 用鱼子酱和细叶芹装饰。

图片→P41

黑金枪鱼
茴香、柑橘类水果与当季蔬菜沙拉

●材料
黑金枪鱼…适量
 盐…适量
 胡椒…适量
 橄榄油…适量
柑橘类水果…各适量
 橙子
 八朔橘
 柚子
 金橘
当季蔬菜…各适量
 芦笋
 西蓝花
 花椰菜
 蚕豆
 四季豆等
茴香…适量
水果番茄…适量
菊苣…适量
洋蓟（市售油渍品）…适量
胡葱…适量
橙子皮…适量
嫩菜叶…适量
意大利葡萄白醋酱汁
…适量（制作方法另附）
带籽芥末酱及意面酱汁
…适量（制作方法另附）
乌鱼子…适量

意大利葡萄白醋酱汁

材料
意大利葡萄白醋…适量
意大利酱汁（参见本页）…适量
橙汁橄榄油（市售品）…适量

制作方法
将材料以1:1:1的比例混合。

带籽芥末酱及意面酱汁

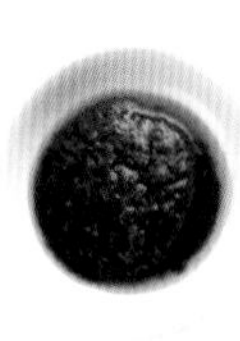

材料
带籽芥末酱…适量
意面酱（参见本页）…适量

制作方法
将材料以1:1的比例混合。

●制作方法

1 将黑金枪鱼涂上盐和胡椒，洒上橄榄油，稍稍烤一会儿后切薄片。
2 将金橘取出籽、横切成片，其他柑橘类水果也取出籽。所有当季蔬菜都水煮。将茴香白色部分切片。将水果番茄、菊苣、洋蓟、胡葱、橙子皮切成方便食用的大小。
3 将步骤2的材料和嫩菜叶放入碗中，拌上盐和胡椒（分量外）、意大利葡萄白醋酱汁，盛盘。
4 放上金枪鱼片，洒上一点意大利葡萄白醋酱汁，浇上带籽芥末酱及意面酱汁。
5 用乌鱼子和茴香叶装饰，完成。

图片→P42

活明石章鱼片、蒜香辣椒橄榄油

泉州水茄子、水果番茄与鳄梨

●材料

活明石章鱼…适量
鳄梨…适量
水果番茄…适量
水茄子…适量
柠檬果汁…适量
EXV橄榄油…适量
盐…适量
绿胡椒酱汁
（参见P44）…适量
蒜香辣椒橄榄油
（分量及制作方法另附）
意大利欧芹…适量
绿橄榄…适量
续随子（醋渍）…适量

蒜香辣椒橄榄油

材料

大蒜（末）…少许
干辣椒…1根
意大利辣椒酱
（红辣椒酱、市售品）…少许
EXV橄榄油…20mL
意大利欧芹（末）…少许

制作方法

将除意大利欧芹以外的所有材料放入锅中煮，出香味后加入意大利欧芹。

●制作方法

1 将章鱼剥皮，身体部分切薄片。将皮上有吸盘的柔软的部分切下来。
2 将鳄梨、水果番茄、水茄子各切成1cm见方的块，水茄子擦盐水洗。
3 将步骤2的材料拌上柠檬果汁、橄榄油、盐和绿胡椒酱汁，装盘。
4 将步骤1的章鱼片放在步骤3的材料上面，撒上盐并浇上柠檬果汁。
5 制作蒜香辣椒橄榄油，趁热浇在步骤4的材料上。
6 用意大利欧芹、绿橄榄和续随子装饰。

图片→P43

河内鸭片与烤蔬菜

意大利葡萄黑醋、芥末酱和九条葱酱汁　松露风味

●材料

河内鸭…适量
　盐…适量
　胡椒…适量
　柠檬果汁…适量
　EXV橄榄油…适量
当季蔬菜…各适量
　芜菁
　茼蒿
　小萝卜
　九条葱等
松露风味酱汁（分量及制作方法另附）
九条葱酱汁（分量及制作方法另附）
大蒜（末）…少许
芝麻菜…适量
帕尔马干酪片…适量
EXV橄榄油…适量
松露碎…适量

松露风味酱汁

材料

松露酱…1大茶匙
意大利葡萄黑醋…1大茶匙
带籽芥末酱…1小茶匙

制作方法

将材料混合起来。

九条葱酱汁

材料

九条葱（绿色部分）
…1/3棵
意大利欧芹…1根
鳀鱼…1/2条
EXV橄榄油…100mL

制作方法

将材料放入搅拌机搅拌即可。

●制作方法

1 将当季蔬菜烤好。
2 将河内鸭的表面烤过后切薄片，擦一点盐和胡椒，洒上柠檬果汁和橄榄油，放置数分钟。
3 在切碎大蒜（分量外）的带有蒜香的盘中放上当季蔬菜、鸭片，洒上松露风味酱汁和九条葱酱汁，撒上大蒜末。
4 用芝麻菜和帕尔马干酪片装饰，洒上橄榄油，再撒上松露碎。

Osteria
L'aranceto

■地址
兵库县神户市中央区山本通1-7-5
Maison Blanche（白宫）1楼

■电话
078-251-9620

Osteria la Pirica

拉皮瑞卡酒馆

总厨 **今井寿**

今井寿先生以在意大利各地学到的地道的意大利家庭料理为主题制作料理。该店活用北海道食材制作的料理非常受欢迎，有很多慕名而来的客人。

鞑靼金枪鱼与石斑鱼 马尔萨拉酒酱汁

制作方法→P51

因渔场而闻名的“地中海金枪鱼”，说明地中海盛产金枪鱼。据说西西里岛周边有养殖的金枪鱼，近年来意大利南部也开始食用生金枪鱼，因此用金枪鱼做成了意式刺身。将金枪鱼和石斑鱼切碎，用橄榄油简单地调味即可。用圆形模具将食材做成圆柱形，同时也能享受到咸金枪鱼干的浓厚咸香、马尔萨拉酒酱汁的甜。也可以根据喜好加入墨角兰、牛至、薄荷等香草。

鲑鱼千层酥

制作方法→P51

在世界范围里生食度最高的鱼要数鲑鱼。这是一道将腌渍过后的鲑鱼与柠檬果汁和橄榄油一起享用的料理。腌渍过的鲑鱼中带有柠檬和橙子的香气，而为了去除鲑鱼本身的味道，要控制好盐和砂糖的用量，并与香草一起腌渍一整天。用水洗净腌渍过的鲑鱼，切片，与蔬菜、希腊式面皮（pate filo）（或是突尼斯饼皮，pate brick）一起做成千层酥。这一料理使用的是塔斯马尼亚鲑鱼，最上面的则是法式鱼子酱。

鲣鱼卷　红洋葱酸甜酱汁

制作方法→P51

在意大利，有一道料理是在鱼身上撒上芝麻烤至三分熟做成的，使用的是与日本的鲣鱼非常相似的被称为"tonnetta"的鱼。因此这里使用鲣鱼创作出了这一意式刺身。因青背鱼类本身带有一种味道，所以用加入了炒红洋葱、意大利葡萄白醋、意大利鱼酱（garum）制作的酸酸甜甜的酱汁进行调味。再以用柠檬草去除鱼腥这一做法为基础，在鱼卷上插上了柠檬草，并配上与鲣鱼非常相配的大蒜片。

腌大章鱼

制作方法→P52

正如那不勒斯的传统料理"Polpo alla Luciana"（番茄煮章鱼）所示，在意大利南部的港口城市，章鱼是非常常见的食材。料理中使用的章鱼、番茄、大蒜的组合非常完美，今井寿先生将这一"黄金组合"应用到了刺身料理中。章鱼使用的是剥皮后的大章鱼。因为是生食，所以将番茄酱汁放凉后铺在了底部，然后摆上章鱼片，淋上蒜香橄榄油，为了口感清爽还配上了西式泡菜。

鞑靼马肉　松露风味

制作方法→P52

位于亚平宁半岛与大陆连接处的西部、阿尔卑斯山脉南部的瓦莱达奥斯塔区，在意大利也是以食用马肉和驯鹿肉而出名的。其南边的皮埃蒙特区是松露著名产区，那里的松露与马肉相结合的食用方法被称为“奥斯塔风味”。因此，这一料理想用马肉刺身来再现意大利乡土料理。将熊本产的马肉拍碎，用盐和胡椒简单地调味，拌上松露油，摆成鞑靼牛排的样子，放上鹌鹑蛋黄，然后从盘子上方撒上松露片。

图片→P46

鞑靼金枪鱼与石斑鱼
马尔萨拉酒酱汁

●材料（4人份）
金枪鱼瘦肉…180g
石斑鱼…180g
EXV橄榄油…100mL
胡萝卜…少许
西葫芦…少许
马尔萨拉酒酱汁（分量及制作方法另附）
咸金枪鱼干…适量
盐…适量
胡椒…适量
香草…各适量
墨角兰
牛至
薄荷
细香葱

马尔萨拉酒酱汁

材料
马尔萨拉酒…90mL
白砂糖…20g

制作方法
将白砂糖放入锅中加热至熔化，倒入马尔萨拉酒，小火煮至变黏稠，放凉。

●制作方法
1 将胡萝卜和西葫芦切丁，过热水后放凉。
2 将金枪鱼和石斑鱼分别切碎，拌入橄榄油和盐、胡椒。
3 将金枪鱼塞入圆形模具，再塞入石斑鱼，用步骤1的蔬菜装饰。取出模具，放上切片的咸金枪鱼干，淋上马尔萨拉酒酱汁。用香草装饰。

图片→P47

鲑鱼千层酥

●材料（14人份）
鲑鱼（脊背）…1kg
盐…50g
白砂糖…10g
柠檬皮、橙子皮（碎）…各5g
香草…共5g
罗勒
迷迭香
百日香
牛至等
EXV橄榄油…80g
沙拉蔬菜…适量
希腊式面皮或突尼斯饼皮…适量
法式鱼子酱…适量
月桂叶…适量
柠檬橄榄油酱汁…适量（制作方法另附）

柠檬橄榄油酱汁

材料
橄榄油…适量
柠檬果汁…适量

制作方法
将橄榄油和柠檬果汁等量混合。

●制作方法
1 将鲑鱼去皮、去骨。
2 将香草切碎，与盐、白砂糖、柠檬皮和橙子皮一起拌匀。
3 将鲑鱼放入方形盘中，涂上步骤2的材料和橄榄油，腌渍24小时。
4 腌好后用水洗净，用厨房用纸吸取水分。
5 将面皮或饼皮切成边长5cm左右的正方形，一面涂上蛋液（分量外）后烤一烤。
6 将面皮或饼皮、沙拉蔬菜、切片后的鲑鱼按顺序叠放，在上面放上法式鱼子酱、月桂叶装饰。
7 在千层酥周围淋上柠檬橄榄油酱汁。

图片→P48

鲣鱼卷
红洋葱酸甜酱汁

●材料（8人份）
鲣鱼（脊背）…600g
胡萝卜（切条）…40g
黄瓜（切条）…40g
罗勒…16片
红洋葱酸甜酱汁（分量及制作方法另附）
柠檬草…适量
大蒜片…适量
胡萝卜叶…适量
盐…适量
胡椒…适量

红洋葱酸甜酱汁

材料
红洋葱（切片）…80g
意大利葡萄白醋…100mL
意大利鱼酱…5mL
EXV橄榄油…30mL
白砂糖…少许

制作方法
将橄榄油倒入锅中，小火炒洋葱。加入葡萄白醋、鱼酱和白砂糖，煮至没有水分为止，放凉。

●制作方法
1 将鲣鱼去皮、去骨，切片，在中间放上胡萝卜、黄瓜和罗勒，撒上盐和胡椒，卷起后切成喜欢的大小。
2 摆盘，浇上红洋葱酸甜酱汁，插上柠檬草，放上大蒜片。用胡萝卜叶装饰。

图片→P49

腌大章鱼

●材料（4人份）
大章鱼腕足…240g
蒜香橄榄油…适量（制作方法另附）
番茄酱汁…120mL（制作方法另附）
西式泡菜（非甜味）…适量
盐…适量
胡椒…适量
干牛至…少许
嫩菜叶…适量
红色卷心菜嫩芽…适量

蒜香橄榄油

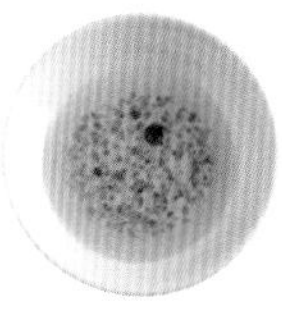

材料（易制作的分量）
大蒜（碎）…4个的分量
干辣椒…1个
意大利鱼酱…少许
EXV橄榄油…180mL

制作方法
在锅中倒入一半的大蒜和橄榄油，小火煮至大蒜变成黄褐色，加入干辣椒和鱼酱，煮一会儿后离火。加入剩下的另一半大蒜和橄榄油，直接放凉后滤掉干辣椒。

番茄酱汁

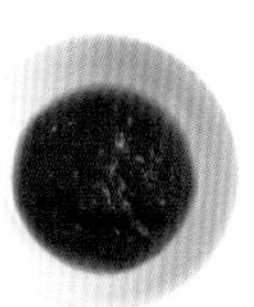

材料（易制作的分量）
意大利番茄（San Marzano）
罐头（1号罐）…4罐
洋葱（碎）…400g
月桂叶…1片
大蒜（末）…1大茶匙
EXV橄榄油…适量
罗勒叶…4片
粗盐、盐…各适量

制作方法
1 打开番茄罐头，用手将其捣碎。
2 在锅中放入洋葱和盐，加入橄榄油和月桂叶翻炒。洋葱变透明后加入大蒜翻炒，加入番茄罐头。
3 加入粗盐，沸腾后用小火煮10~15分钟。完成后加入撕碎的罗勒叶。

●制作方法
1 将章鱼去掉吸盘，剥皮后取章鱼腕足的中心部分，切成厚3~4mm的薄片。
2 在盘中倒入放凉的番茄酱汁，摆上章鱼片，撒上盐、胡椒和牛至。淋上蒜香橄榄油，在中间放上西式泡菜。添上嫩菜叶和红色卷心菜嫩芽。

图片→P50

鞑靼马肉
松露风味

●材料（4人份）
马肉（刺身用）…320g
葵花籽油…60mL
松露油…20mL
盐…适量
胡椒…适量
鹌鹑蛋黄…4个
松露（片）…少许
迷你番茄…4个
塔尔迪沃菊苣…适量
卡斯泰尔夫兰科菊苣…适量
意大利欧芹…适量

●制作方法
1 将马肉用菜刀切碎，加入葵花籽油与松露油，用盐、胡椒调味。
2 盛盘，放上鹌鹑蛋黄，松露切片撒在上面。添上蔬菜。

Osteria
la Pirica

■**地址**
东京都千代田区外神田2-2-19
■**电话**
03-3526-0100

COCINA MEXICANA La Casita

墨西哥美食　小餐厅

店主　**渡边庸生**

1974年，渡边庸生到墨西哥当地名店进行了为期2年的进修。1976年，墨西哥料理餐厅“La Casita”(小餐厅)开业。渡边庸生以日本墨西哥料理第一人的身份活跃在各媒体当中。

江珧、蒜香辣椒酱汁

制作方法→P60

蒜香辣椒酱汁是用辣椒和大蒜制作的墨西哥料理中的一种酱；但是与意大利料理中的蒜香橄榄油不同的是，该酱汁将辣椒用在鲜香的汤汁中，用以加重料理的味道，多用在虾或鸡肉料理中。这里使用的是墨西哥产的一种带有甜味的辣椒Chile Guajillo。酱汁浇在橙子片和江珧上，吃起来并不会很辣，有着海带一般的鲜味，可以突出江珧的浓鲜。

鲑鱼拌鳄梨

制作方法→P60

鸡尾酒酱汁在今天的日本给人一种“很久以前”的感觉，但是在墨西哥却是从古至今都非常受欢迎的一种酱汁。在几乎不吃生鱼、贝类的墨西哥，牡蛎是人们唯一会生吃的，这时多数都会搭配鸡尾酒酱汁。由此，想着鸡尾酒酱汁与鱼类的缘分应该也不错，便配上了鲑鱼。另外，经常与生鱼一起搭配的鳄梨，在原产地墨西哥一直以来也是人们都在使用的食材。只有鸡尾酒酱汁的话就缺少了辣味，所以加上了既有蔬菜的鲜嫩又带有辣味的墨西哥沙拉酱。

柠檬汁腌真鲷（Ceviche）

制作方法→P60

墨西哥代表性的“刺身”料理是Ceviche（柠檬汁腌鱼）。所谓“Ceviche”，就是用鲜柠檬汁腌渍鲜鱼的一种料理，也就是墨西哥腌鱼。将真鲷横切成三片，去皮，在柠檬汁中浸泡半天左右，然后去除水分，与切碎的番茄、洋葱、青辣椒和橄榄油、鲜橙汁、盐拌在一起，浸泡一会儿。除了白身鱼以外，章鱼、扇贝、虾也很不错。在墨西哥，人们会大量加入酸橙，如果用酸橙代替柠檬的话会更加接近墨西哥的口味。

烤金枪鱼腩　辣椒番茄沙司

制作方法→P60

每个地区都有其传统的味道，可以说有无数种墨西哥沙司。其中辣椒番茄沙司是用煎过的辣椒做成的，虽然主要材料只有蔬菜类，但是那种焦香与熏肉、肥肉，特别是腌肉料理非常相配。这种酱汁与刺身料理的结合正如“和”与墨西哥的融合。一般的生鱼会在这种味道下黯然失色，所以使用了富含脂肪的金枪鱼腩。直接用火烤金枪鱼，带有熏香的鱼肉与沙司相辅相成，在浓厚的味道中透出金枪鱼的鲜美。

比目鱼、辣椒盐

制作方法→P61

在日本料理世界中，有一种技术是运用藻盐、抹茶盐等各种各样的盐来搭配食材。因此将代表墨西哥食文化的辣椒与盐相结合，搭配刺身从而做成了墨西哥风味的刺身料理。使用的辣椒是具有强烈苦味和独特冲击力的Chile Pasilla。这种辣椒即使将其辣味的源头——种子去掉，加热时还是会变辣；但是晾晒3天左右之后却会转变成青海苔一般的味道。因此将炒过的和晒过的辣椒磨碎混合起来，就可以取得辣味的平衡。这里使用的盐是安第斯盐。

辣椒鲬鱼

制作方法→P61

墨西哥辣椒的特征之一就是可以像海带一样煮出汤汁。运用这一特征可以像日本的海带卷刺身一样做成全新的辣椒卷刺身。辣椒使用了墨西哥辣椒中拥有浓厚感，鲜、甜、苦等味道都很平均的Chile Murato。因为是干辣椒，要泡一泡热水之后再裹上白身鱼。经过一天之后的生鱼肉会带有一种烤过的味道。蘸酱使用浸泡了墨西哥辣椒Chile Jalapeno、带有其风味的酱油。

沙丁鱼　墨西哥辣椒风味

制作方法→P61

Chile Jalapeno是墨西哥辣椒中知名度较高的一种。现在市场上有瓶装Chile Jalapeno，夏季也有新鲜辣椒出售，可以说是比较容易买到的。其特征是适当的辣加上鲜味，因此与生鱼比较搭配。这一料理是将青背的沙丁鱼拍松，与葱白一起简单地拌上辣椒做成的。虽然没有使用胡椒等调味料，其味道却更加深厚，产生一种与"和"不一样的魅力。再加上用干辣椒制成的具有独特味道的酱料(Salsa Macho)，结合起来就像竹夹鱼或沙丁鱼拍碎后混入香草或味噌，然后再次拍打搅拌后做成的千叶县乡土料理一样。

图片→P53

江珧、蒜香辣椒酱汁

●材料
江珧柱…200g
橙子…1/2个
蒜香辣椒酱汁…适量（制作方法另附）
意大利欧芹…适量

蒜香辣椒酱汁

材料（易制作的分量）
大蒜…4片
辣椒（Chile Guajillo）…3个（长）
盐…5g
色拉油…75mL

制作方法
1 将辣椒去蒂，留一点籽，切成2cm长。大蒜切成厚1mm左右的薄片。
2 在平底锅中倒入色拉油和蒜片，加热至出香味，加入辣椒翻炒，用盐调味。

●制作方法
1 将江珧柱切成5mm厚的片，再切薄，为2~3mm厚，与橙子片一起摆盘。
2 淋上蒜香辣椒酱汁，放上欧芹。

图片→P54

鲑鱼拌鳄梨

●材料
鲑鱼…80g
鳄梨…1/4个
鸡尾酒酱汁…适量（制作方法另附）
香菜（香草）…适量
洋葱…适量
墨西哥沙拉酱…适量（制作方法另附）

鸡尾酒酱汁

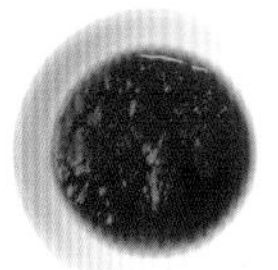

材料（易制作的分量）
柠檬果汁…1个的分量
橙汁…1个的分量
番茄酱…700mL
白葡萄酒…100mL
矿泉水…200mL
伍斯特辣酱油…1mL
盐…1小茶匙

制作方法
将材料在碗中混合后放入冰箱冷藏。

墨西哥沙拉酱

材料（易制作的分量）
大蒜…1片
青辣椒…2个
番茄…2个
青椒…1个
洋葱…1/4个
盐…1小茶匙

制作方法
1 将青辣椒和青椒去蒂和籽，番茄去蒂，和大蒜、洋葱一起切碎。
2 将步骤1的材料放入碗中，加盐混合，放置5分钟后再使用。

●制作方法
1 将鲑鱼切片。鳄梨去皮、去籽后切成方便食用的大小。将洋葱切片、切碎。用菜刀将香菜大致切开。
2 在盘中叠放好鲑鱼和鳄梨，浇上鸡尾酒酱汁。撒上洋葱和香菜，用其他器具装上墨西哥沙拉酱。

图片→P55

柠檬汁腌真鲷（Ceviche）

●材料（1盘份）
真鲷（脊背）…300g
鲜柠檬汁…300mL
橙子…2个
番茄…3个
洋葱…1个
青椒…3个
青辣椒…20g
盐…1小茶匙
橄榄油…适量
香菜…适量

●制作方法
1 将真鲷去皮、去骨，切成一口大小。
2 将真鲷和柠檬汁倒入碗中，放入冰箱冷藏。一直浸泡到真鲷表面变白、中心还生的时候取出，倒掉柠檬汁。
3 在碗中榨出橙汁，浇到真鲷上。
4 将洋葱切成1cm见方的丁。番茄去蒂，切成1cm见方的块。青椒和青辣椒去蒂、去籽，切成1cm见方的块。
5 将洋葱、番茄和青椒加到真鲷中，加盐混合。

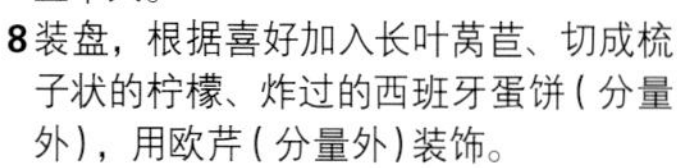

6 将步骤2的柠檬汁加至100mL，与步骤5的材料混合。
7 加入切开的香菜，倒入橄榄油，加入步骤4的青辣椒，继续混合，放置半天。
8 装盘，根据喜好加入长叶莴苣、切成梳子状的柠檬、炸过的西班牙蛋饼（分量外），用欧芹（分量外）装饰。

图片→P56

烤金枪鱼腩
辣椒番茄沙司

●材料
大块金枪鱼腩…100g
辣椒番茄沙司…60mL（制作方法另附）
小萝卜…适量
酸橙…适量

辣椒番茄沙司

材料
辣椒…20g
番茄…4个
大蒜…1片
盐…2/3大茶匙

制作方法
1 用铁板干煎辣椒，也可以用网。
2 番茄和大蒜在烤网上烤出焦痕后拿开。
3 将番茄烤焦的皮和芯去掉，将番茄的一半切碎。
4 将未切碎的番茄放入搅拌机，加入大蒜和去蒂的辣椒，加盐搅拌到还有细小颗粒的程度，搅拌2~3分钟。
5 将步骤4的材料倒入碗中，与切碎的番茄混合。

●制作方法
1 将金枪鱼腩切成宽3cm、长10cm左右的块，插上扦子。
2 直接用火烤，烤至表面变色，带一点点焦痕。
3 盛盘，淋上辣椒番茄沙司，添上小萝卜片和切成梳子状的酸橙。

图片→P57

比目鱼、辣椒盐

●材料
比目鱼…100g
辣椒盐…适量（制作方法另附）
酸橙…适量

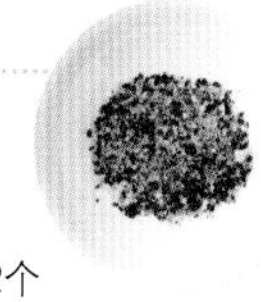

辣椒盐

材料
辣椒（Chile Pasilla）…2个
安第斯盐…适量

制作方法
其中一个辣椒晾晒3天左右之后粗略磨碎，另一个则直接用火烤熟后粗略磨碎。按照个人喜好的比例混合，加入安第斯盐。

●制作方法
将比目鱼切片装盘，在旁边添上辣椒盐和酸橙。

图片→P58

辣椒�鱼

●材料
鲬鱼（脊背肉）…1条的分量
干辣椒（Chile Murato）…2~3个
迷你番茄…1个
墨西哥辣椒酱油…适量（制作方法另附）

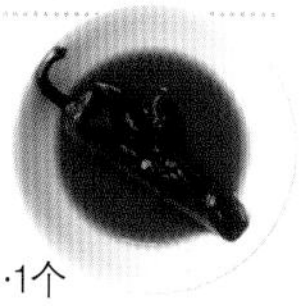

墨西哥辣椒酱油

材料（易制作的分量）
酱油…100mL
辣椒（Chile Jalapeno）…1个

制作方法
将整个辣椒浸入酱油中一整天。

●制作方法
1 将干辣椒过热水后切开，去籽，包上鲬鱼肉，放置一天。
2 第二天从辣椒中取出鱼肉，切成稍厚的片，摆盘。旁边添上切碎的辣椒，放上对半切开的迷你番茄。

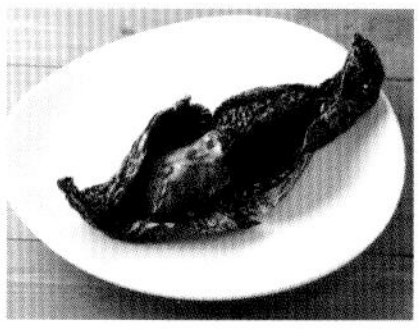

3 旁边放上墨西哥辣椒酱油。

图片→P59

沙丁鱼
墨西哥辣椒风味

●材料
沙丁鱼（中等及以下大小）…2条
葱白…适量
辣椒（Chile Jalapeno）…1个
酱料（Salsa Macho）…适量（制作方法另附）

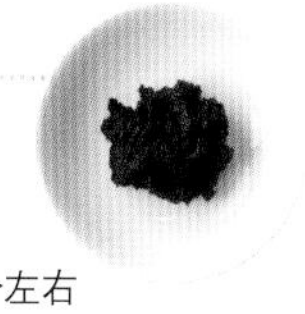

酱料（Salsa Macho）

材料（易制作的分量）
辣椒（Chile Pasilla）…4个左右
猪油…适量
大蒜…1/2片
洋葱…1/2个
西芹…1/4根
番茄…1个
水…200mL
盐…1小茶匙

制作方法
1 将辣椒去蒂、去籽，在热好猪油的平底锅中炒至出香味，带一点焦。
2 将大蒜切碎，洋葱和西芹切片，番茄去芯切块。
3 将步骤**1**和**2**的材料放入搅拌机，加水，搅拌至辣椒变得细碎。
4 倒入锅中，加盐煮。沸腾后仔细去除多余的水，从中火转为小火，小心不要煮焦，煮15分钟左右，完成。

●制作方法
1 将沙丁鱼横切成3片，去骨、去皮后拍松。葱白切末，辣椒切末。
2 将步骤**1**的鱼和蔬菜稍微混合后装盘。
3 添上酱料。

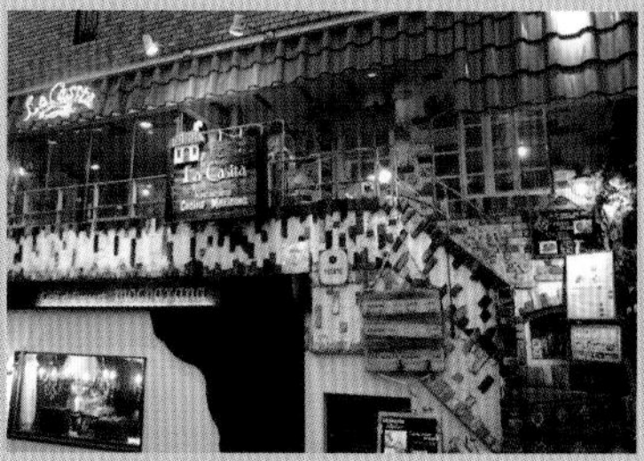

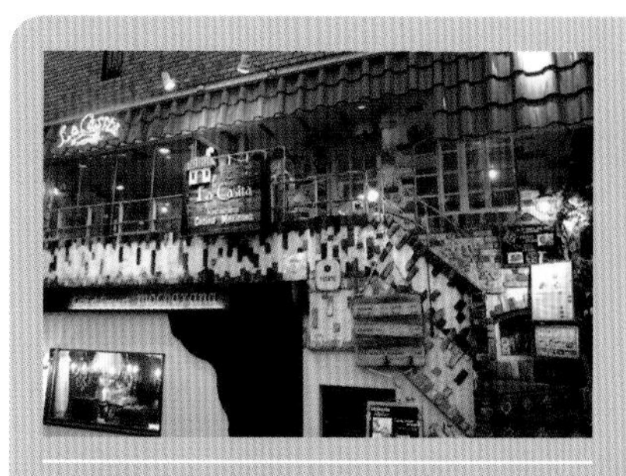

COCINA MEXICANA
La Casita

■**地址**
东京都涩谷区代官山町13-4
Cerasa代官山2楼

■**电话**
03-3496-1850

Silver Back 食堂

银背食堂

代表 **福田浩二** 主厨 **吉米·J. 贝内托（Jimmy J. Benito）**

这是一家因名产樽生酒、主厨拿手的中南美料理、以夏威夷为中心的各国独创料理而大受欢迎的食堂。使用柑橘类水果制作的色彩鲜艳、味道丰富且外观精致的刺身料理陆续登场。

橘汁腌虾及扇贝

制作方法→P68

"橘汁腌鱼"是用辣椒或带香味的蔬菜与酸橘或柠檬汁混合起来腌渍鱼贝类的腌渍料理，在中南美非常受欢迎。在银背食堂，这一料理是在扇贝和虾过热水后，用加了墨西哥辣椒泡菜、砂糖、EXV橄榄油等的酸橘汁浸泡1~2小时，以竹签穿好的形式提供的。柑橘类水果特有的令人振奋的清爽的香气和酸味加上辣椒的辣味，丰富的味道充满了魅力。使用酸橘皮能使香气更上一层楼。使用其他柑橘类水果也很美味，与任何鱼贝类都很相配。

鲜鱼生肉片料理（Carpaccio）

制作方法→P68

高体鰤切片放在绿色沙拉上，这是装饰着可爱的迷你蔬菜的一道生鱼料理。酱汁有4种，色彩缤纷。鱼肉配红洋葱沙拉酱，沙拉配柑橘酱汁，周围是树莓酱汁和绿色酱汁。主要的红洋葱沙拉酱与白身鱼搭配绝妙。红洋葱的风味、黑胡椒的香气、醋的酸味，这些味道的平衡是重点。树莓酱汁的酸甜与白身鱼也搭配极佳。再将树莓直接做成酱，会更增添几分味道。

煎扇贝　番茄凉拌菜（Lomi lomi）、橙醋黄油酱汁

制作方法→P68

平底锅煎了一下的扇贝用熏三文鱼卷起，配上橙醋黄油酱汁和改自夏威夷料理的番茄凉拌菜（在食材中加盐后用手混合起来的夏威夷料理），做成了这一料理。加了酱油和浓厚黄油的橙醋黄油酱汁有着日本人最爱的味道。番茄凉拌菜中番茄的酸甜、橄榄油的风味成为整个料理的重点。番茄凉拌菜中常用香菜，但是每个人的喜好不一样，所以用意大利欧芹代替香菜做成了更为人所接受的味道。

煎卡真（Cajun）金枪鱼　酱油黄油米饭

制作方法→P69

两面涂上自家制的卡真香料（卡真秋葵浓汤中使用的香料），金枪鱼用平底锅稍微煎一下，放在用黄油、酱油、黑胡椒、万能葱调味的风味绝佳的米饭上面。主厨吉米用自己的方式表现了刺身配米饭这一日本人喜爱的组合。在最后才浇上的葡萄黑醋酱汁，是在葡萄黑醋中加入红糖煮至浓缩为一半，放凉后混合橄榄油和黑胡椒做成的。葡萄黑醋酱汁浓厚的味道与卡真香料的香辣的配合是美味的秘诀。

海鲜肉冻

制作方法→P69

此为象征着春天的美丽的海鲜肉冻。扇贝、虾、鲑鱼等鱼贝类与西蓝花、卷心菜拼在一起，红、白、绿的对比，使这一料理有着缤纷的色彩。用于连接食材的啫喱液中加入了酸橘皮碎，更加提升了味道。可以感受到春天般鲜嫩的味道在口中蔓延。肉冻上的酸奶油中添加了切碎的小茴香叶。与鱼贝类完美搭配的小茴香，其清爽的芳香更提升了料理的品质。

扇贝卷

制作方法→P69

用玉米粉做的西班牙蛋饼（Tortilla）卷起过了热水的扇贝、酸奶油和蔬菜等，就做成了最棒的下酒菜。制作要点在于在卷之前用平底锅稍微煎一下蛋饼的两面以引出香味。扇贝也可以换成熏三文鱼、金枪鱼、虾等。不管哪种蔬菜都很相配，就像这里使用的黄瓜、红洋葱；推荐使用有着清脆口感的蔬菜。

图片→P62

橘汁腌虾及扇贝

●材料
虾仁…8个
扇贝柱…2个
柑橘酱汁…适量（制作方法另附）
意大利欧芹…少许
嫩菜叶…少许

柑橘酱汁

材料（易制作的分量）
酸橘汁…1个的分量
酸橘皮（碎）…1/2个的分量
砂糖…1大茶匙
黑胡椒…少许
盐…少许
墨西哥辣椒泡菜（切碎）…20g
EXV橄榄油…250mL

制作方法
将全部材料充分混合。

●制作方法
1 将虾仁和扇贝柱浸入沸水，表面变色后浸入冰水。
2 去除虾仁和扇贝柱中的水分，在混合好的柑橘酱汁中浸泡1~2小时。
3 取出虾仁和扇贝柱，扇贝柱竖着对半切开。准备好竹签，按照虾仁、扇贝柱、虾仁的顺序穿好。
4 装盘，用意大利欧芹和嫩菜叶装饰。

图片→P63

鲜鱼生肉片料理（Carpaccio）

●材料
高体鰤　适量
盐…少许
胡椒…少许
红洋葱沙拉酱…适量（制作方法另附）
混合蔬菜沙拉…适量
柑橘酱汁（参见本页）…适量
迷你番茄、迷你萝卜、小萝卜、迷你芜菁…各1个
水菜、嫩菜叶、意大利欧芹…各适量
树莓酱汁…适量（制作方法另附）
绿色酱汁…适量（制作方法另附）

红洋葱沙拉酱

材料（易制作的分量）
红洋葱…1个
米醋…50mL
柠檬果汁…50mL
砂糖…30g
黑胡椒…10g
盐…适量
EXV橄榄油…300mL

制作方法
将红洋葱切薄片。将除橄榄油以外的全部材料放入食品加工器中加工，变成泥状后逐次少量加入橄榄油，在食品加工器中混合。

树莓酱汁

材料
树莓酱…2大茶匙
砂糖…1大茶匙
米醋…1大茶匙
橄榄油…50mL

制作方法
将全部材料混合起来。

绿色酱汁

材料（易制作的分量）
西芹…1把
EXV橄榄油…100mL

制作方法
将西芹浸入沸水约5秒，控水后用厨房用纸吸干水，放入食品加工器加工。变成泥状后，一边逐次少量加入橄榄油，一边继续加工混合。

●制作方法
1 将高体鰤切薄片，撒上盐、胡椒，浇上红洋葱沙拉酱。
2 盘中放上混合蔬菜沙拉，浇上柑橘酱汁。在上面摆上步骤1的鱼片。
3 将迷你番茄切成4等份，小萝卜切半，迷你萝卜和迷你芜菁去皮。将这些材料放在步骤2的材料周围。
4 淋上红洋葱沙拉酱。最后在周围淋上树莓酱汁和绿色酱汁，撒上水菜、嫩菜叶、意大利欧芹。

图片→P64

煎扇贝
番茄凉拌菜（Lomi lomi）、橙醋黄油酱汁

●材料
扇贝柱…3个
盐…少许
胡椒…少许
橄榄油…适量
熏三文鱼…3片
番茄凉拌菜
　红洋葱沙拉酱（参见本页）…20mL
　番茄…1/2个
　黑橄榄（去核）…2粒
　意大利欧芹（切碎）…1小茶匙
橙醋黄油酱汁…适量（制作方法另附）
黄瓜、水菜…各适量

橙醋黄油酱汁

材料
橙醋酱油…20mL
水…10mL
黄油…70g
黑胡椒…适量

制作方法
在平底锅中加入橙醋酱油和水，沸腾后加入黄油，继续加热，变黏稠后撒上黑胡椒，离火。

●制作方法
1 制作番茄凉拌菜。橄榄分为4等份，番茄切成与橄榄差不多的大小，欧芹切碎。将这些材料与红洋葱沙拉酱混合。
2 扇贝柱两面切成格子状，撒上盐和胡椒。平底锅中倒入橄榄油，用中火煎扇贝柱两面各1分钟。
3 用熏三文鱼包上扇贝柱的侧面。
4 在盘中将切片的黄瓜摆成圆，中间放上步骤3的材料。
5 将橙醋黄油酱汁浇到扇贝柱上和周围。
6 放上番茄凉拌菜，用水菜装饰。

图片→P65

煎卡真(Cajun)金枪鱼
酱油黄油米饭

●材料
金枪鱼…约90g
卡真香料…适量
橄榄油…适量
酱油黄油米饭
　米饭…120g
　黄油…50g
　酱油…5mL
　盐…少许
　黑胡椒…少许
　万能葱(末)…5g
番茄、意大利欧芹…各适量
葡萄黑醋酱汁…适量(制作方法另附)
绿色酱汁(参见P68)…适量

葡萄黑醋酱汁

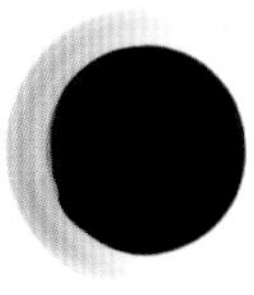

材料
葡萄黑醋…750mL
红糖…2大茶匙
EXV橄榄油…100mL
黑胡椒…少许

制作方法
在锅中加入葡萄黑醋和红糖，混合并加热，浓缩至一半后离火。放凉后加入橄榄油和黑胡椒，充分搅拌。

●制作方法
1 选刺身用金枪鱼，两面涂上卡真香料。
2 用平底锅加热橄榄油，大火煎金枪鱼，两面各30秒左右，只煎表面。
3 制作酱油黄油米饭。黄油与温热的米饭混合后，加入酱油、葱末、盐、黑胡椒拌匀。
4 在盘中放上圆形模具，塞入酱油黄油米饭，做出形状后取出模具。周围用切成梳子状的番茄装饰。
5 将金枪鱼切片，厚度5mm左右，摆到米饭上。
6 淋上葡萄黑醋酱汁，包括金枪鱼上。再添上绿色酱汁和欧芹，增添色彩。

图片→P66

海鲜肉冻

●材料
(1个5cm×25cm×6cm的海鲜肉冻的分量)
扇贝柱…12个
虾仁…16个
鲑鱼…1kg
西蓝花…500g
卷心菜…6片叶
啫喱液
　法式小牛原汁(Fond de veau)…180mL
　酸橘皮(切碎)…1个的分量
　明胶片…适量
小茴香酸奶油…适量(制作方法另附)
树莓酱汁、绿色酱汁(参见P68)…各少许
虾仁(装饰用)、欧芹…各适量

小茴香酸奶油

材料(易制作的分量)
酸奶油…100g
小茴香叶…1小茶匙

制作方法
将小茴香叶切碎后与酸奶油充分混合。

●制作方法
1 将西蓝花切开，加盐水煮，放凉。将大块的切小。
2 将卷心菜叶剥开，过热水后浸入冰水，去除水分。
3 将法式小牛原汁加热，变温后离火。加入酸橘皮碎，再加入用水泡软的明胶混合。
4 将扇贝柱、虾仁用沸水煮至表面变色，浸入冰水。去除水分，扇贝柱竖着切半。鲑鱼切成与其他材料相匹配的大小和形状。
5 在肉冻模具中铺上保鲜膜，上面铺上卷心菜。将扇贝柱、虾仁、鲑鱼、西蓝花排成颜色美观的三列、三行。这时，每排要在其表面刷上啫喱液。
6 用卷心菜和保鲜膜盖上，再用保鲜膜整个卷起，在冰箱冷藏室中放置一晚。
7 从模具中取出，切成适当的厚度装盘。浇上小茴香酸奶油，用煮过的虾仁和欧芹装饰。添上绿色酱汁和树莓酱汁。

图片→P67

扇贝卷

●材料
西班牙蛋饼(Tortilla)…1个
扇贝柱…6个
酸奶油…适量
黄瓜…1/4根
红洋葱…适量
咸鲑鱼子…适量
细叶芹…少许
蜂蜜和水的同比例混合液(糊用)…少许

●制作方法
1 将扇贝柱用沸水煮至表面变白，浸入冰水。去除水分，每个切成4等份。
2 用平底锅稍微煎一煎蛋饼的两面。
3 在蛋饼上用酸奶油画直线，上面放上扇贝柱、竖着切成4等份的黄瓜、红洋葱丝。
4 在蛋饼边缘刷上蜂蜜与水的同比例混合液。
5 将食材向内折起后，旁边的蛋饼向中间折，继续卷起包好。
6 每一条切成6等份，切面向上摆盘。添上咸鲑鱼子和细叶芹。

Silver Back 食堂

■地址
东京都涩谷区道玄坂2-25-5
岛田大厦2楼

■电话
03-6427-8294

烤肉店
NARUGE

店主 **金德子**

金德子在东京涩谷创业已有54年。虽然小店是烤肉店，但是现任店主金德子还作为料理研究家而活跃着，她设计出的“吃了就会充满活力的‘美食’”也非常受欢迎。

生拌金枪鱼与鳄梨

制作方法→P76

将金枪鱼肉做成生拌（Yukhoe）风味，加上与金枪鱼相配的鳄梨，味道更为浓厚。金枪鱼和鳄梨切成差不多的大小，与调料一起混合，黏稠的鳄梨与调料和金枪鱼纠缠在一起成为一个整体。调料汁是以朝鲜辣椒味噌与烤肉汁为基础调制的，加了少量的蒜末和芝麻油，与啤酒、朝鲜酒更为相配。为了不让金枪鱼和鳄梨的味道相互抵消，还加了一点点辣味。

蜂巢胃与猪胃刺身　辣椒醋味噌

制作方法→P76

搭配辣椒醋味噌的蜂巢胃（牛的第3个胃）与猪胃刺身。蜂巢胃和猪胃洗净、处理好后水煮，切条后用葱末、盐、芝麻油、胡椒揉搓调味，蘸上辣椒醋味噌食用。辣椒醋味噌是在朝鲜辣椒味噌里加入醋、砂糖、酱油、蒜末等混合而成的。本料理特有的要点是使用梅醋，梅醋带有一种柔和的酸味。

韩国海螺

制作方法→P76

在韩国，刺身被称为“Hoe”。“Hoe”也包括水煮的料理。使用罐头的海螺刺身，是非常受欢迎的“Hoe”料理。辣椒醋味噌中加入大蒜、辣椒粉和麦芽糖，活用海螺罐头汁也是一个要点，可以提升调料的浓厚度。另外，为了柔化醋的酸味，加入一点点碳酸水也很重要。此外，调料要浓。用手将姬笋撕开。

烫鸡胸肉

制作方法→P77

能够吃到大量的蔬菜是韩国料理的特征，刺身也一样。将水煮的鸡胸肉切片，配着蔬菜吃。蔬菜包括胡萝卜丝、黄瓜丝、红心萝卜丝、葱白丝以及生姜丝等。调料汁是芥子醋酱汁。调料中加入和辛子也可以，加入芥末也可以。醋里加入和辛子或芥末、蒜末、芝麻油、盐、胡椒等调成酱汁。通过变换或增加蔬菜的种类可以有很多种味道。

韩式乌贼刺身

制作方法→P77

与P72的韩国海螺一样，可以吃到很多蔬菜，这可以说是一道海鲜沙拉料理。蔬菜有水菜、白萝卜、水芹、黄瓜、茼蒿。白萝卜切丝，黄瓜切半月形，其他蔬菜切成方便食用的大小，与乌贼、酱汁一起混合。长枪乌贼稍微煮一下，浸入冷水中，变凉后去除水分，切成方便食用的大小。酱汁为辣椒醋味噌，因为米醋酸味太强烈，同样使用了梅醋来制作。

烧金枪鱼　芥末风味，楤木芽

制作方法→P77

在刺身用金枪鱼表面擦上盐和胡椒，用火枪烤，在冷水中冷却后去除水分，切片，放在铺好白萝卜丝、黄瓜丝和水芹的盘里。可以添上P74韩式乌贼刺身中使用的辣椒醋味噌，也可以换上P73烫鸡胸肉中使用的芥子醋酱汁或芥末酱汁。上面撒的是切碎的松子，也可以换成碎芝麻。配上楤木芽，充满春天的气息。调料汁的味道与蔬菜非常和谐，蔬菜也可以有多种搭配。

图片→P70

生拌金枪鱼与鳄梨

●材料
金枪鱼（瘦肉）…80g
鳄梨…20g
生拌酱汁…适量（制作方法另附）
苹果…少许
松子…少许

生拌酱汁

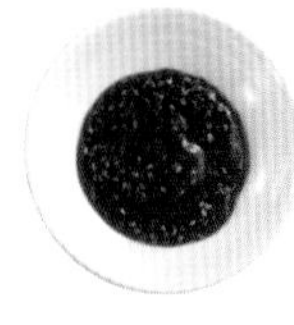

材料（易制作的分量）
烤肉汁…2小茶匙
炒芝麻…2小茶匙
蒜末…1/2小茶匙
朝鲜辣椒味噌…少许
芝麻油…少许

制作方法
将材料全部混合起来。

●制作方法
1 将金枪鱼切成骰子大小。鳄梨切得比金枪鱼稍小一点。
2 将切好的金枪鱼、鳄梨与生拌酱汁混合。
3 装盘，用苹果片和松子装饰。

图片→P71

蜂巢胃与猪胃刺身
辣椒醋味噌

●材料
蜂巢胃…70g
猪胃…30g
葱末…1/2大茶匙
盐…少许
胡椒…少许
蒜末…1/2小茶匙
芝麻油…少许
万能葱…少许
炒芝麻…少许
辣椒粉…少许
辣椒醋味噌…适量（制作方法另附）

辣椒醋味噌

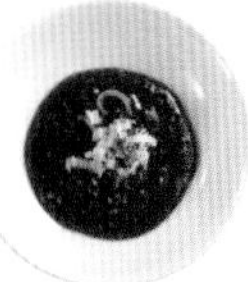

材料（易制作的分量）
朝鲜辣椒味噌…2大茶匙
梅醋…2大茶匙
芝麻油…少许
蒜末…少许
酱油…1小茶匙
砂糖…2小茶匙
炒芝麻…少许

制作方法
将材料充分混合。

●制作方法
1 将蜂巢胃和猪胃（煮好的）切条。
2 将剩下的除辣椒醋味噌、万能葱、芝麻、辣椒粉以外的所有材料与步骤1的材料在碗中混合，用手轻轻揉搓入味。
3 装盘，撒上万能葱末、炒芝麻、辣椒粉。
4 加上辣椒醋味噌。也可以在味噌上用葱白末和辣椒粉装饰。

图片→P72

韩国海螺

●材料
海螺…2个
姬笋（水煮）…3根
黄瓜…1/3根
胡萝卜…少许
茼蒿…少许
水菜…少许
水芹…少许
葱白…少许
蔬菜嫩芽…少许
炒芝麻…少许
辣椒粉…少许
辣椒醋味噌酱汁…适量（制作方法另附）

辣椒醋味噌酱汁

材料（易制作的分量）
辣椒醋味噌（参见本页）…2~3大茶匙
煮海螺汁…少许
碳酸水…2大茶匙
梅醋…4大茶匙
砂糖…3大茶匙
辣椒粉…3~4大茶匙
麦芽糖…2大茶匙
生姜末…1小茶匙
大蒜碎…2小茶匙

制作方法
将材料全部混合起来。

●制作方法
1 将海螺带壳用盐水煮熟，从壳中取出肉，切成方便食用的大小。剩下的汤汁要用作酱汁原料，要保留一些。
2 葱白切丝。姬笋用手撕成方便食用的大小。黄瓜切成半月形。胡萝卜切丝。茼蒿、水菜、水芹切成方便食用的大小。
3 撕开的姬笋、黄瓜等蔬菜和海螺一起与辣椒醋味噌酱汁混合。
4 装盘，用葱白丝、蔬菜嫩芽、炒芝麻、辣椒粉装饰。

※在韩国，有很多海螺罐头。使用罐头的话就一整年都可以吃得到韩国海螺了。使用罐头的时候分量是罐头的1/3。酱汁中添加的汤汁可以用2大茶匙罐头汁代替。
※也可以用生海螺做刺身。但是海螺的唾液腺中含有四甲胺毒素，做刺身时一定要去掉其唾液腺。

图片→P73

烫鸡胸肉

●材料
鸡胸肉…适量
胡萝卜…少许
黄瓜…少许
红心萝卜…少许
生姜…少许
葱白…少许
万能葱…少许
荏叶…2~3片
芥子醋酱汁…适量(制作方法另附)

芥子醋酱汁

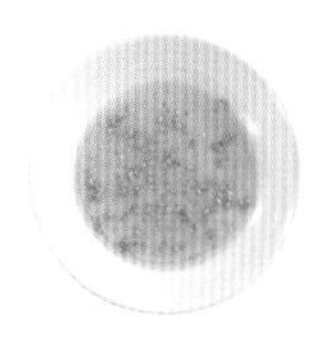

材料
和辛子…少许
醋…少许
炒芝麻…少许
蒜末…少许
盐…少许
胡椒…少许
芝麻油…少许

制作方法
和辛子用一点点水(分量外)溶掉。将除醋以外的全部材料放到碗里面混合起来，加入能够使酱汁变稀的分量的醋。也可以用芥末代替和辛子。

●制作方法
1 将鸡胸肉水煮，放凉后斜着切片。
2 将胡萝卜、黄瓜、红心萝卜切丝。
3 将生姜、葱白切丝。
4 在盘子上铺上荏叶，摆上切好的鸡胸肉、胡萝卜、黄瓜、红心萝卜。
5 用生姜丝和葱白丝装饰，撒上万能葱末。芥子醋酱汁可以直接淋上，也可以另附。

图片→P74

韩式乌贼刺身

●材料
长枪乌贼…1只
水菜…少许
白萝卜…少许
水芹…1/3根
黄瓜…1/4根
茼蒿…2根
辣椒醋味噌(参见P76)
…适量
辣椒粉…少许

●制作方法
1 将长枪乌贼去除内脏后稍煮一会儿，浸入冷水中，变凉后去除水分，切成方便食用的大小。
2 将水菜、水芹、茼蒿切成方便食用的大小。白萝卜切丝。黄瓜切成半月形片。
3 在切好的蔬菜上撒上盐(分量外)，揉一揉。
4 接下来将蔬菜和切好的乌贼一起拌上辣椒醋味噌，装盘。在上面撒上一点辣椒粉。

图片→P75

烧金枪鱼
芥末风味，楤木芽

●材料
金枪鱼(瘦肉)…100g
盐…少许
胡椒…少许
辣椒醋味噌(参见P76)
…适量
芥子醋酱汁(参见本页)
…适量
水芹…1/3根
黄瓜…少许
白萝卜…少许
楤木芽…少许
松子…少许

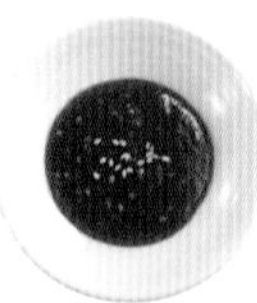

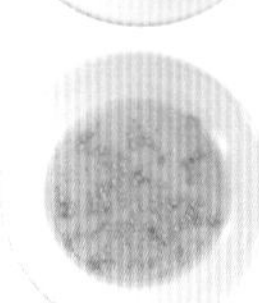

●制作方法
1 将金枪鱼肉擦上盐、胡椒。
2 用火枪烤金枪鱼表面，在冷水中冷却后去除水分，斜着切片。
3 将水芹切成方便食用的大小。黄瓜、白萝卜切丝。
4 将楤木芽加盐水煮。
5 在盘中放上水芹、黄瓜、白萝卜，在上面放上金枪鱼片。
6 在金枪鱼片上撒上切碎的松子。
7 配上楤木芽，用其他容器添上辣椒醋味噌和芥子醋酱汁(或者芥末酱汁)。

※也可以用炒芝麻代替切碎的松子。

烤肉店
NARUGE

■地址
东京都涩谷区道玄坂1-5-9
THE RENGA(炼瓦楼)2楼

■电话
03-3461-8286

Chinese Restaurant 虎穴

中餐馆　虎穴

店主 大厨 **小松仁**

匈牙利卷毛猪肉、过滤皮蛋和豆腐而制成的皮蛋豆腐等，通过选材以及创意，创作出中国料理的新魅力。

幼生海鳗拌麻辣酱汁

制作方法→P83

做成中国料理一般的味道，品尝初春正当季的幼生海鳗的口感以及滑过喉咙的感觉。幼生海鳗洗过后沥干水分，拌上麻辣酱汁。麻辣酱中加了蚝油、芝麻油，浓厚的酱汁更突出了海鳗纤细的甜味；还加了黑醋以增加入口后的清爽感。切得极细的黄瓜丝、蘘荷丝、生姜丝的点缀，更弥补了海鳗口感上的不足。

鱼翅刺身

制作方法→P83

此为将鱼翅这一高级食材做成刺身的一道绝妙料理。鱼翅扫干净后放入汤中蒸，汤中加入了酱油、蚝油等调味料，还有中华火腿和干瑶柱。将蒸好的汤过滤，融入明胶，再加入鱼翅中。在刚好没过鱼翅的汤汁冷却凝固后切开。鱼翅做得很厚，在吃的时候首先感觉到的就是鱼翅，比起鱼翅冻，感觉还是更像刺身。

烫水松贝

制作方法→P83

春至夏初，水松贝正当季，烫过后与煮过的同样当季的玉簪一起，浇上热乎乎的带有香菜香气的酱汁。引出水松贝甜味的酱汁是典型的广东风味。水松贝很有口感，玉簪也是口感很好的山菜，两者非常相配。因为酱汁很热乎，香菜、酱油、鱼酱、香料的味道混合在一起散发出来，非常勾人食欲。

日本后海螯虾刺身

制作方法→P84

日本后海螯虾刺身，配上鱼酱、醋、麻辣酱等制成的酱汁，还有用蛋黄调开的虾黄酱汁，一清一浓两种酱汁使味道在口中蔓延。螯虾连壳一起只蒸30秒左右。为了突出螯虾的浓厚味道与鲜甜，搭配了鳄梨片，以及用山椒油和盐调过味的青木瓜丝。

章鱼配怪味酱汁

制作方法→P84

所谓怪味酱汁，是指无法形容其神奇味道的酱汁。多种蔬菜一起切碎，加入多种调味料做成的酱汁，不管是口感还是味道都让人不禁疑惑："这是什么？"如果用食品加工器绞碎的话倒也简单，但是每种蔬菜的出水方式都不一样，所以要亲手将蔬菜分别切碎再混合起来。擦盐后水煮的章鱼，配上生食口感极佳的泡过醋水的东京土当归非常合适。

图片→P78

幼生海鳗拌麻辣酱汁

●材料
幼生海鳗…50g
麻辣酱汁
…约1.5大茶匙(制作方法另附)
黄瓜…适量
蘘荷…适量
生姜…适量

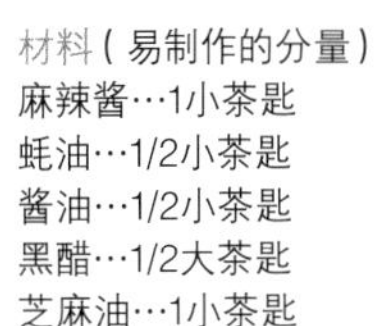

麻辣酱汁

材料(易制作的分量)
麻辣酱…1小茶匙
蚝油…1/2小茶匙
酱油…1/2小茶匙
黑醋…1/2大茶匙
芝麻油…1小茶匙

制作方法
将材料全部混合起来。

●制作方法
1 将幼生海鳗洗净后放到竹篓中沥水。
2 将海鳗拌上麻辣酱汁，用混合好的黄瓜丝、生姜丝、蘘荷丝装饰。

图片→P79

鱼翅刺身

●材料
鱼翅…80g
鸡清汤…180mL
中华火腿…适量
干瑶柱…适量
酱油…少许
明胶片…适量
蚝油…适量
西芹…适量
甜醋渍蘘荷…适量
黑胡椒…少许

●制作方法
1 将鱼翅扫干净，去油。
2 将鱼翅、中华火腿、干瑶柱和鸡清汤、酱油、蚝油混合，一起蒸大约2.5小时。
3 将蒸好的汤过滤，加入用水泡软的明胶。
4 将鱼翅在方形盘中摊开，倒入加了明胶的汤，刚好没过鱼翅。等到放凉、凝固。
5 凝固后，切成方便食用的大小，摆盘。
6 用西芹、甜醋渍蘘荷装饰，将碾碎的黑胡椒撒在鱼翅冻上。

图片→P80

烫水松贝

●材料
水松贝…1个
玉簪…适量
葱白…适量
生姜…适量
广东风味酱汁…约2大茶匙(制作方法另附)

广东风味酱汁

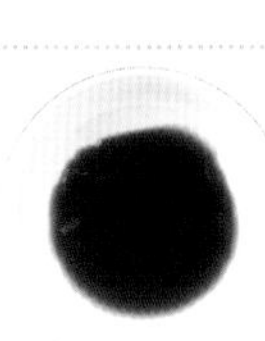

材料(易制作的分量)
日本酱油…360mL
上白糖…50g
干胡椒…45g
泰国鱼酱…30g
中国酱油…少许
香菜梗…少许
鸡清汤…约400mL

制作方法
将所有材料倒入锅中混合，加热至沸腾，染上香菜的味道后将香菜过滤掉。

●制作方法
1 将水松贝过热水。
2 将玉簪水煮后切成方便食用的大小。
3 将水松贝和玉簪摆盘，趁热在水松贝上面淋上广东风味酱汁。
4 用葱白丝和生姜丝装饰。

图片→P81

日本后海螯虾刺身

●材料
日本后海螯虾…1只
青木瓜…适量
鳄梨…1/2个
蛋黄…适量
山椒油…适量
盐…适量
酸橙麻辣酱汁
…约2大茶匙（制作方法另附）

酸橙麻辣酱汁

材料（易制作的分量）
麻辣酱…1/2小茶匙
泰国鱼酱…1小茶匙
米醋…1大茶匙
酱油…2小茶匙
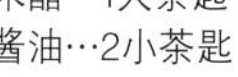
酸橙片…数片
芝麻油…1/2小茶匙

制作方法
将材料全部混合起来。在阴凉处放置2小时左右之后再使用。

●制作方法
1 将螯虾连壳用大火蒸30秒左右。
2 将螯虾去壳，从头部取出虾黄。
3 将虾黄与蛋黄混合做成酱汁。不加盐，充分利用虾黄本身的咸味。
4 将青木瓜切丝，用盐和山椒油调味。将螯虾放置在青木瓜丝上，旁边放上鳄梨片。
5 附上酸橙麻辣酱汁以及虾黄和蛋黄的混合酱汁。

图片→P82

章鱼配怪味酱汁

●材料
章鱼…80g
盐…适量
醋水…适量
土当归…适量
胡葱…适量
怪味酱汁…约3大茶匙（制作方法另附）

怪味酱汁

材料（易制作的分量）
红色柿子椒…200g
青椒…200g
香菜…100g
榨菜…100g
大蒜…100g
生姜…20g
酱油…60g
干胡椒…100g
上白糖…20g
葱油…100g
芝麻油…30g

制作方法
1 将柿子椒、青椒、香菜、榨菜、大蒜、生姜等切碎。
2 将调味料与步骤1的材料混合起来。

※用食品加工器将蔬菜一口气弄碎也可以，但是这样的话蔬菜的水分会很快流失，建议亲手切碎再混合。

●制作方法
1 将生章鱼擦盐，用大火煮30分钟左右。
2 将土当归去皮，切成方便食用的大小，泡入醋水中。
3 将章鱼切成方便食用的大小，和土当归一起装盘。
4 上面淋上怪味酱汁，用胡葱末装饰。

Chinese Restaurant
虎 穴

地址
东京都中央区东日本桥3-5-16
仙石大厦1楼

电话
03-6661-9811

好评菜式陆续登场!

刺身料理的新魅力

介绍在餐厅、居酒屋大受欢迎的刺身料理菜单。

鲷鱼 P86 · **金枪鱼** P91 · **鲣鱼** P98 · **青花鱼** P99 · **鲑鱼** P100 · **鲕鱼** P102 ·
黄条鲕 P105 · **比目鱼** P106 · **针鱼** P108 · **六线鱼** P110 · **赤点石斑鱼** P111 ·
石鲈鱼 P112 · **旗鱼** P112 · **北方长额虾** P113 · **章鱼** P114 · **乌贼** P118 ·
扇贝 P120 · **其他贝类** P122 · **海鞘** P124 · **组合搭配** P125 ·
马肉 P131 · **鸡肉** P135 · **牛杂** P136

※记录的是2012年3月进行采访时的菜单，时间、季节不同，也有不再提供的可能性。

鲷鱼

盐曲腌鲷鱼　樱花香味

MODERN和食 KABTO

如今流行的盐曲的新用法，以及入口时樱花树叶的香味，是这一道充满春天魅力的人气料理的特色。鲷鱼刺身用盐曲和樱花树叶腌泡过，摆盘后浇上EXV橄榄油。葱芽、白萝卜、嫩菜芽、菊花、迷你番茄、紫苏花穗、蒜片作为点缀，每一口的味道都有变化。还准备了清口用的盐渍樱花。

五岛列岛产樱鲷（汤霜）拌海胆酱、腐竹

Cucina L'ATELIER（烹饪工作室）

主厨铁川裕介的家庭经营日式饭馆。他自己也是从日本料理开始学习的，所以在意大利料理中也采用了日式手法。如果有时间的话，他就会亲自制作腐竹，其柔软的口感联系着食材与酱汁。在这一料理中，鲷鱼要带皮切厚片，浸入热水后立刻放入冰水中。营养成分会停留在鱼皮与鱼身之间，所以连皮一起吃的话会更鲜香。另外，过热水时多余的脂肪也会被带走，料理变得更清爽。另一个要点是番茄。番茄带有醋所没有的独特的酸味，优质味浓的番茄必不可少。玉米笋、荷兰豆、葱芽等蔬菜与腐竹、鲷鱼一起，拌上海胆酱，装盘。

真鲷生肉片料理（Carpaccio）板状冰冻岩盐

有包间的餐馆 一粹 惠比寿店

将用于肉菜的喜马拉雅天然岩盐冻成板状，用在了刺身料理中。将板状岩盐放入冷冻库冰冻，用作盛放生鱼片的器具。在吃的过程中，岩盐也在溶化，自然而然地鲷鱼片中就会带有鲜味。不让鲷鱼片带上太多咸味的秘诀，就是事先在岩盐上涂上橄榄油。搭配加了叶山葵的鸡汤冻和芥末酱油，可以挑选喜欢的味道。

真鲷刺身 上海风味

热烈上海食堂

切丝的蔬菜上面，是鲷鱼刺身、花生、炸馄饨皮，加上柑橘酱汁和加了花生油的酱油酱汁，感觉很像沙拉的一道料理。蔬菜使用了白萝卜、芦笋、水菜、黄瓜、葱和生姜。

五岛列岛产野生樱鲷生肉片料理（Carpaccio）生海胆酱汁

Cucina L'ATELIER（烹饪工作室）

固定的生鱼料理。夏季使用鲈鱼或带鱼，秋冬则是斑鲅鱼、东海鲈，春季则是樱色鱼身、美丽的樱鲷。鱼根据切的方向的不同味道也会变化，在这一料理中则是用菜刀斜着切断樱鲷丰富的纤维，使其成为薄片。酱汁是混合了少许盐、EXV橄榄油和青葱的北海道生海胆酱汁。酱汁中之所以加入葱，是为了减弱海胆的腥味并弱化其味道。在海胆味道太重时也可能会省去生海胆酱汁。另外，鱼的脂肪太多时也可以加入柠檬汁。秋葵、西蓝花、蘘荷等蔬菜的用量也非常足，撒上红蓼，使得色彩缤纷。

烤鲷鱼生肉片料理（Carpaccio）芥末酱油酱汁

旬彩之宴 想 SOU

此为该店最受欢迎的料理。只用火枪烤鲷鱼块的表面，在冷水中冷却后切片。淋上EXV橄榄油以及芥末酱油酱汁。表面烤出的香味足以引出鲷鱼的鲜甜，不管是与啤酒、红酒还是烧酒搭配，都非常合适。

勾芡真鲷鱼白

酒菜创作 海房主

取活真鲷的鱼身切成段，浇上滤成奶油状的鱼白。勾芡后的鲷鱼鱼白就像奶油一样，为鲷鱼刺身赋予了新魅力。要点是鱼白要在50℃热水中煮20~25分钟，煮至中心快要煮透的鱼白产生奶油一般的口感。煮好的鱼白浸在海带汤汁中，接到下单后再滤好，浇在鲷鱼上，搭配土佐酱油。

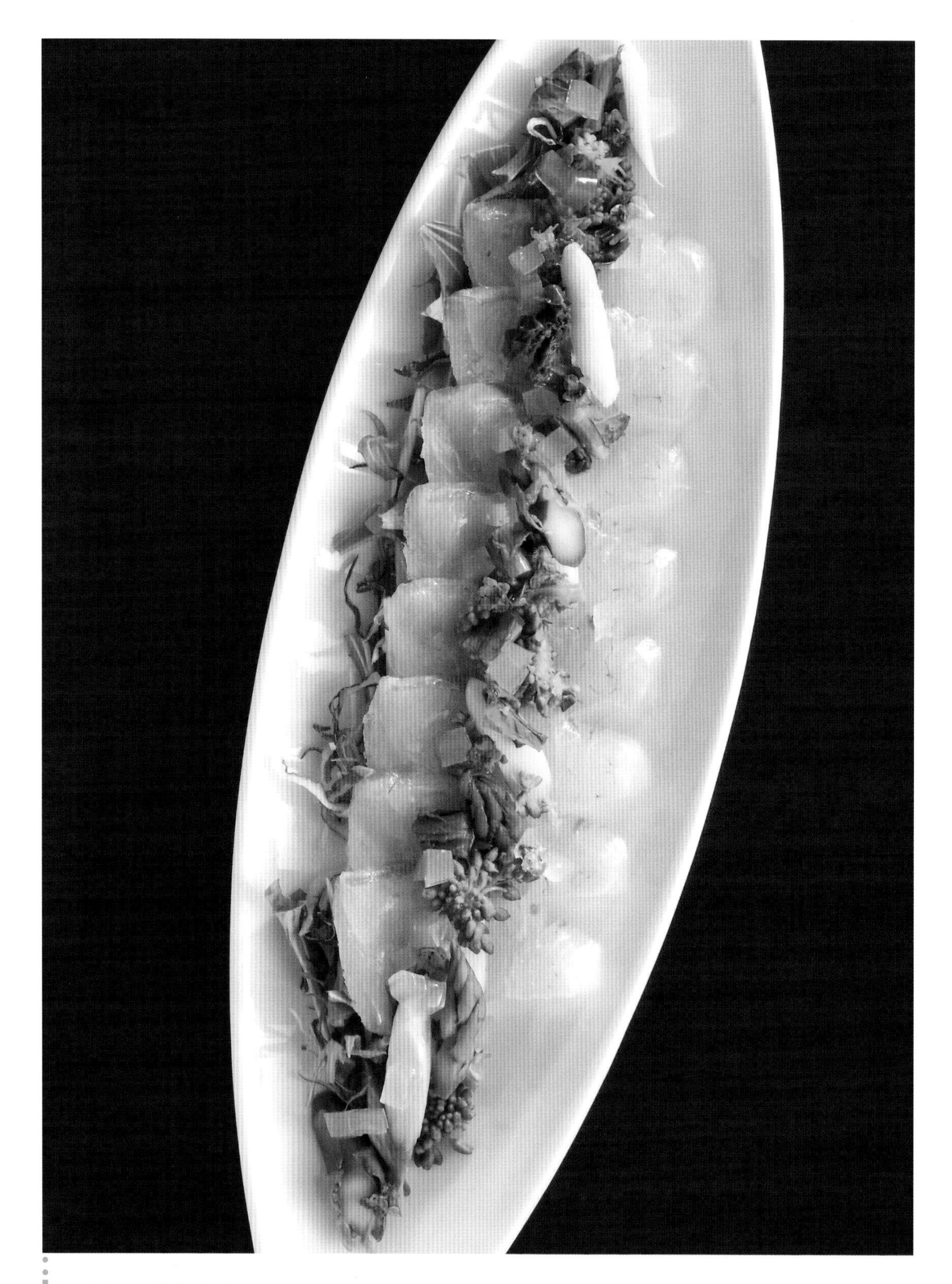

鲷鱼与春季蔬菜的和风生肉片料理（Carpaccio）芥子酱汁

饭田桥 ichijiku（无花果）

将生肉片料理搭配的多种蔬菜有别于其他地做成了凉拌蔬菜，料理中有着丰富的当季食材。图片为春季时的菜式，鱼使用了真鲷，蔬菜则是油菜花、绿色和白色的芦笋等。蔬菜在分别煮过后，用加了淡酱油、芥子、盐等的汤汁进行调味。同样的汤汁做成冻后撒在上面作为装饰。通过这些汤冻，刺身与凉拌蔬菜之间有了一体感，外观上也变得非常精致。

金枪鱼

烤黑金枪鱼脸颊肉刺身　生姜酱汁

BUNGO sashimi&grill

将含有丰富脂肪的金枪鱼脸颊肉做成了刺身。金枪鱼脸颊肉涂上酱油后通过炙烤逼出多余的脂肪，使纤维软化，口感一流。生姜酱汁是在酱油中加入洋葱末、苹果碎以及生姜等制成的，与甜料酒或砂糖不一样，带着一种水果特有的柔和的甜味。通过这酸酸甜甜的酱汁而产生的烤肉一般的感觉也是这一料理的独特之处。

鞑靼金枪鱼——KABTO式

MODERN和食 KABTO

将金枪鱼、山药、鳄梨、番茄、黄瓜、煮南瓜与辣椒味噌酱汁和葱末混合在一起，做成圆柱形。辣椒味噌酱汁是用辣椒味噌和EXV橄榄油、酱油混合而成的。上面的则是蛋黄酱酱汁。顶部则用小红莓干和葡萄干点缀。也可以放在法式烤面包片上做成开放式三明治。另附的葡萄黑醋酱汁也为其带来了味道上的变化。

令人震惊的金枪鱼生肉片料理（Carpaccio）

Fish Bar TOROBAKO

正如其名“令人震惊的金枪鱼生肉片料理”，这是一道直接将一片90g左右的金枪鱼肉装盘的、令人震惊的料理。通常的生肉片料理是将肉切片，如此豪爽地像牛排一样不切片就直接盛盘的料理，非常具有冲击力。酱汁是用芥末酱油与橄榄油混合而成的。为了口感还添上了红、黄两色的辣椒丁，吃起来有沙拉一般的感觉也为这一料理加分不少。吃的时候就像牛排一样使用刀叉。

大块烧金枪鱼腩
碎末橙醋酱汁

有包间的餐馆 一粹 惠比寿店

直接吃也很美味的金枪鱼腩稍做处理后，其魅力提升不少。通过对鱼腩表面进行炙烤，其鲜甜愈发明显。为了使富含脂肪的鱼腩吃起来更加清爽，还配上了加了白萝卜碎的橙醋——碎末橙醋酱汁和芥末酱油。再加上红洋葱丝或炸荞麦，口感上的多种变化让人百吃不厌。

西式葱末金枪鱼腩

Fish Bar TOROBAKO

鱼腩拍松之后用法式料理中的鱼汤（Fumet de poisson）调味，而非芥末酱油，做成与葡萄酒非常相配的一道料理。为了味道不被鱼腩的脂肪所掩盖，这里使用了较浓的鱼汤，还加了柠檬汁。完成后浇上橄榄油，撒上大量的万能葱末。

鞑靼金枪鱼及鳄梨

有包间的餐馆 一粹 惠比寿店

充分利用做刺身时用剩的金枪鱼的两端部分，切丁后用酱油腌制，做成鞑靼风味。鳄梨泥中还混合了酱油、生奶油以及芥末粒，更突出了其味道。在圆形模具中按顺序塞入金枪鱼、鳄梨、金枪鱼，用炸土豆代替咸饼干，再浇上蛋黄酱和辣味番茄酱的混合酱汁便完成了。

金枪鱼和鳄梨，拌叶山葵

MODERN和食 KABTO

在金枪鱼及鳄梨这一绝妙搭配的基础上，再加上芥末梗的香味和口感。金枪鱼整块过沸水后浸入冷水，再切成方便食用的大小。将金枪鱼和鳄梨与腌芥末梗、叶山葵、橄榄油、酱油拌在一起，用葱白丝、叶山葵丝和枸杞子装饰。清凉的腌芥末梗，推荐搭配啤酒。

金枪鱼与鳄梨、奶油乳酪沙拉

旬彩之宴 想 SOU

此为黑金枪鱼、鳄梨和生菜、迷迭香的组合料理。酱汁有酱油酱汁、帕马森干酪酱汁。两种酱汁的咸味都有助于突出料理的味道，使蔬菜和金枪鱼都更为美味。

鳄梨与金枪鱼骨架肉千层

Makanaiya 大森海岸本店

此为像法国菜的前菜一般的鳄梨与金枪鱼骨架肉千层料理。用模具做出形状，用小萝卜、葱白丝、细叶芹装饰。细心调制的酱汁有辣椒味噌酱汁和葡萄黑醋酱汁两种。最下层是山药泥，鳄梨与金枪鱼之间是咸烹海苔，不管是口感还是味道都极富变化。推荐将其全部混在一起吃，山药与鳄梨或者金枪鱼一起会更美味。

烧黑金枪鱼鱼头肉刺身　蒲烧葡萄黑醋酱汁

BUNGO sashimi&grill

这道料理使用了被称作“脑天”的金枪鱼鱼头肉。这一部分富含脂肪，虽然有些许纤维感，但反而成就了其极具魅力的口感。脂肪丰富的部位只需稍稍炙烤就能得到更为鲜甜的味道。因此，只要在上菜前一会儿烤就可以。酱汁是用蒲烧酱汁和煮收汁的葡萄黑醋混合而成的。肥美的鱼肉，配上有深度的酸甜浓郁的酱汁，再撒上飞鱼子和七香粉等，十分美味。

生金枪鱼火腿　橄榄酱汁

鱼贝类小餐馆 ENZO BYO

此为以“像吃肉一样吃金枪鱼”为题开发出的一道料理。金枪鱼瘦肉长时间放置于低温环境中，用樱花和山核桃片一起熏制，做成生火腿一样的口感。用独创的熏制液浸泡金枪鱼是一大要点，这样金枪鱼不会像橡胶一样硬，而是变得润泽柔软，还带有一定的口感。酱汁使用了经常与鱼贝类料理搭配的橄榄酱汁。利用酒瓶制成的原创器皿也非常引人注目。

鲣鱼

西式拍鲣鱼片

MODERN和食 KABTO

用炒过葱白的橄榄油煎鲣鱼，拍松切片。配有两种酱汁。炒西葫芦、茄子、红辣椒、西芹、月桂叶的酱汁和炒大蒜、白芝麻、面包粉的酱汁，香气逼人。配上树芽、柠檬、酸橘、蔬菜、其他柑橘类水果、面包粉、芝麻等，整个料理都散发着诱人的香味。

初夏鲣鱼与鮟鱇肝——中华风生肉片料理（Carpaccio）

BUNGO sashimi&grill

脂肪量少、味道新鲜的初夏鲣鱼可搭配味道浓郁的鮟鱇肝。酱汁用酱油、芝麻油、辣油制作，清爽中带有辛辣的中华风。酱汁中还加入了洋葱碎，在更好地将酱汁材料结合起来的同时也带来了清脆的口感。加上水菜等大量的生蔬菜，一道沙拉一般的生肉片料理就完成了。

青花鱼

烧醋腌青花鱼　香橙酱汁

BUNGO sashimi&grill

这是将烧得香喷喷的醋腌青花鱼做成西式风味的一道料理。用香橙酱汁去除青花鱼的腥味，更容易入口。青花鱼擦盐后用醋和汤汁一起腌渍2分钟左右，就能防止鱼身变硬或者脂肪过多流失。酱汁以橙醋、榨香橙汁、橄榄油为基础，加入切丁的番茄，与青花鱼的味道更为相配。在上菜前加上洋葱碎，增添了几分清脆口感。

翁和醋腌青花鱼

酒菜创作 海房主

将用薄海带丝制作的和食手法"翁和"，用在醋腌青花鱼上。薄海带丝干炒至粉状，引出其鲜与香是一要点。在轻松做出海带的味道的同时也不会让食材变得干巴巴的，而是带有一定的湿润度。为了充分享受青花鱼的味道和口感，将鱼切成小块状也是秘诀之一。根据自身喜好，可以配上土佐酱油食用。

鲑鱼

鲑鱼与绿芦笋　紫苏叶酱汁

旬彩之宴 想 SOU

鲑鱼与鲑鱼子，加上洋葱薄片、绿芦笋。酱汁是紫苏风味的酱油酱汁。在煮甜料酒时加入青紫苏叶与梅子干以增添风味，将其过滤后与酱油混合，再加入生紫苏叶腌渍2周，紫苏风味的刺身酱油就做成了。将这种酱油做成酱汁，浇在盘中，便完成了。

极光三文鱼生肉片料理（Carpaccio）

有包间的餐馆 一粹 惠比寿店

此为使用因鱼肉紧实、油而不腻、味道上乘而大受欢迎的挪威极光三文鱼做成的简单的生肉片料理。在鱼下面铺上洋葱薄片，浇上橄榄油及酱油为主的酱汁。使用和风器皿装盘的西式料理，表现出了不一样的效果。

鲑鱼腩生肉片料理（Carpaccio）

串烧店 胜男

这道料理用罗勒的风味引出鲑鱼本身的味道，是该店的人气料理。罗勒酱汁是用青紫苏叶、松子、盐鳀鱼、橄榄油加工而成的。白色的洋葱上叠着鲑鱼片，非常具有立体感，在外观上也下足了功夫。浇上罗勒酱汁，装饰上西芹就可以上桌了。另外还有金枪鱼和章鱼的生肉片料理，同样也是使用罗勒酱汁。

鰤鱼

水菜与幼鰤鱼——爽脆沙拉

旬彩之宴 想 SOU

季节不同，所使用的鰤鱼也不一样。这是分量十足的一道料理。幼鰤鱼下面是水菜、洋葱薄片。用胡葱、辣椒丝、葱白丝装饰。酱汁是用炒过大蒜的酱油煮沸，与醋混合做成的。虽然是油脂丰富的幼鰤鱼，却完全不会觉得腻。

香气十足的生肉片料理（Carpaccio）

Garam masala（一家印度料理店）
派对套餐料理之一

本店特有的香料料理，是套餐中的一道。除了图片中的鰤鱼，还有秋刀鱼、高体鰤等，在姜黄、小茴香、芫荽粉、芫荽籽、柠檬汁、酒醋中腌渍2~3小时。美味要点在于，直接使用芫荽籽和小茴香得到完整的香味。香料与酸甜口味出乎意料地相配，配上草莓也非常有特点。对香料发烧友来说这是一道无法拒绝的料理。

鲜鱼生肉片料理（Carpaccio）

ITALIAN BAR IL cadoccio

用当日进的新鲜鱼类做成各种味道的鲜鱼生肉片料理，每天轮换提供。图片中的鱼为来自日本三重县的鰤鱼，浇上混合了黑橄榄、续随子、盐腌鳀鱼、大蒜的本店风格的橄榄酱汁。为了与肥美的鰤鱼的味道均衡起来而加强了大蒜的味道，充分把握了味道上的平衡。添上煮好的象征春天的油菜花、竹笋等，季节的风味十足。

烧幼鰤鱼——香橙盐生肉片料理（Carpaccio）

鱼类美食 贡 伏见店

幼鰤鱼在炙烧过表面并在冷冻库急冻之后再切片。在盘中铺上生菜叶、白萝卜和胡萝卜配菜，淋上蛋黄酱，再摆上烧幼鰤鱼，最后在上方淋上香橙酱汁。与生蔬菜一起，感觉像沙拉一般的料理。

今日的鱼生肉片料理（Carpaccio）（鰤鱼）

70种梅酒与葡萄酒和石烹意大利烩面的店

使用店主亲自从市场进的当季鱼类做成的生肉片料理。这一天使用的是鹿儿岛鰤鱼。为了摆盘，通常会将鰤鱼切得略厚，但是这一料理却切得很薄，与柠檬风味的酱汁一起食用，非常清爽。为了增香，蒜油酱汁使用的是橄榄油。调味料根据鱼种类的不同而调整。这道料理通常使用的都是价格比较低廉的当季鱼类，满满当当的一盘，让人感觉非常值得。

黄条鰤

五岛列岛烧霜黄条鰤　芥末冻

Cucina L'ATELIER（烹饪工作室）

黄条鰤擦上盐和胡椒放置一会儿，在盐溶解的时候开始烤。重点是烤的时候并不是对着表面，而是对着皮与鱼肉的分界线（边缘）用大火炙烤。如果烤得不够的话，水分渗出来会产生腥臭。酱汁是煮至收汁到一半的葡萄黑醋。残留着酸味的浓缩葡萄黑醋经常用于代替酱油，并不止用于这一道料理。另一个配菜是芥末冻。用橄榄油调开生芥末，切拌进白身鱼汤冻中，注意汤冻最好不要过于细碎。芥末的辛辣香味能使黄条鰤的油脂变得清爽起来，与青花鱼等青背鱼类也很配。蔬菜使用了紫苏花穗、秋葵、水菜、迷你番茄等。

比目鱼

青森野生比目鱼生肉片料理（Carpaccio）鲜番茄柠檬风味

BUNGO sashimi&grill

鱼肉紧实、没有多余脂肪，味道清淡上乘，这是一道可以享受到天然比目鱼美味的生鱼料理。以番茄的甜与柠檬清爽的酸为基调，用橄榄油、盐、黑胡椒等简单调味，突出了野生比目鱼的美味。最后淋上EXV橄榄油增添浓厚感与香味。美观再加上清爽的味道，在年长者与女性客人中非常受欢迎。

比目鱼与鮟鱇肝千层橙醋冻

酒菜创作 海房主

冬天正当季的比目鱼和鮟鱇肝交互重叠，做成了漂亮的西式刺身菜式。比目鱼斜切成片，鮟鱇肝蒸过后切片，利用圆形模具像千层酥一样重叠起来。橙醋冻是在土佐醋中加入橙醋做成的，加入少许砂糖以抑制酸味，非常容易入口；另外，不是做成酱汁而是冻，就可以覆盖住整个料理了。最后添上红、白萝卜泥。

青森野生比目鱼与生海胆生肉片料理(Carpaccio)盐橙醋酱汁

BUNGO sashimi&grill

此为使用盐味橙醋而非酱油味橙醋的极具特色的生鱼料理。用淡酱油、盐、柠檬汁等做成的盐橙醋，颜色浅淡，与比目鱼这样清淡的食材很相配。盐橙醋与切成丁的番茄、洋葱、万能葱和橄榄油混合，不是浇在上面，而是拌入比目鱼中使其染上味道，这是清淡的白身鱼变得更加美味的要点。海胆撒在上面，增添几分海的味道。

针鱼

甘薯与蔬菜圈
透明的鲜鱼、酸橘冻

Cucina L'ATELIER（烹饪工作室）

圆柱形的底部，是用日本长野县产的甘薯做成的柔软的薯泥。第二层则是鞑靼蔬菜；蔬菜使用当季的就可以，但是黏稠的秋葵和调味的番茄必不可少。最后放上针鱼和葱白丝。因为想要保留针鱼的透明感，所以在用醋腌过后就没有再加其他东西了，反而是在薯泥中加入了酒醋，使其带上酸味。酱料有胡葱泥和酸橘冻。胡葱泥是将胡葱与油、盐一起用搅拌机搅拌而成的。EXV橄榄油会掩盖住胡葱的味道，所以使用了纯油。使用葱白、葱芽、胡葱3种葱的材料也是一大要点。酸橘冻的爽快感使整体的味道都联系在了一起。

针鱼油菜花（Rotolo） 2种大麦味噌酱汁

Cucina L'ATELIER（烹饪工作室）

用针鱼卷起油菜花，添上大麦味噌酱汁。Rotolo在意大利语中是卷、卷起的意思。使用大麦味噌酱汁的生肉片料理是该店的人气菜式，使用当季鱼类，有多种形式。这款针鱼料理没有腥味，很清爽，与带苦味的油菜花搭配很有节奏感，而且可以品尝到2种大麦味噌酱汁的味道。大麦味噌使用的是五岛列岛产的岛味噌，少盐醇和。搭配上橄榄油和炒核桃，做成了油菜花盛开的样子，非常可爱。

六线鱼

烤淡路六线鱼沙拉

TRATTORIA MARCO

烤了一下的六线鱼，搭配白芦笋、莴苣、紫芥菜、中等大小的番茄、嫩菜叶等多种蔬菜，以及番茄酱汁和鱼汤冻。番茄、红酒醋、EXV橄榄油做成的番茄酱汁，用于想要简单直接地品味食材味道的时候。鱼汤冻是用和风的六线鱼骨汤凝固而成的，可以拌在鱼肉或蔬菜里，直接吃也很美味。风味极佳的爱媛产白芦笋直接生切成片，松脆的口感与莴苣、紫芥菜的苦和辣一起赋予了整个料理鲜明的对比。

烧六线鱼刺身

MODERN和食 KABTO

六线鱼连皮一起炙烧后浸入冰水，切开。固定搭配是橙醋或者酱油，但是为了增添新意加入了黄味衣。黄味衣是蛋黄与豌豆荚末、酱油、EXV橄榄油混合而成的。蛋黄的浓郁与六线鱼的鲜甜相辅相成，豌豆荚也为柔软的鱼肉加分不少。还配上了白萝卜配菜、嫩菜芽、蘘荷丝和菊花。

赤点石斑鱼

淡路石斑鱼生肉片料理（Carpaccio）

TRATTORIA MARCO

赤点石斑鱼在日本关西地区被称为“akou”，固定吃法是切薄片。这一次的料理将鱼片放在番茄上，做成了一口大小的手握寿司一般的料理。富含脂肪的石斑鱼与番茄的甜、芥末叶的辛辣相得益彰。番茄是广岛的有机番茄，加橄榄油烤过后，其成熟的甜味愈发明显。大厨锻治先生对鱼非常讲究，只使用濑户内地区的鱼，但是蔬菜就不一样了，爱媛、广岛等各地的都会使用，因此可以选取到高质量的食材而不至于太过偏重某些种类。又因为只用西西里岛海盐、EXV橄榄油和胡椒调味，所以能够保留住鱼上乘的鲜美。

石鲈鱼 旗鱼

石鲈鱼生肉片料理(Carpaccio)炸鱼白

BUNGO sashimi&grill

此为将刺身与天妇罗结合起来、创意独特的一道料理。在刺身上面放上现炸的鱼白，外侧酥脆、内里黏软的鱼白天妇罗意外地与石鲈鱼很相配。它是口感上富有变化的一道刺身料理。上面添上橙醋、橄榄油、黑胡椒，鱼白则做成蒲烧风味，味道、香气、口感三者一并完美体现在了这一盘中。

三分熟旗鱼、香料清爽的醋味噌酱汁

鱼类美食 贡 伏见店

在块状旗鱼肉上撒上碾碎的黑胡椒和盐，在铁板上用强火烧至出油。外侧烧得酥脆，内部却是生冷的状态，稍微拍松立刻切片。酱汁为芥子醋味噌酱汁。芥子醋味噌酱汁的浓郁与黑胡椒的香气非常相配。

北方长额虾

生拌盐长额虾

有包间的餐馆 一粹 惠比寿店

将搭配酱油的长额虾改成了盐的生拌风味。清爽的盐香引出虾的鲜甜，这是一道非常精致的前菜。长额虾保留了一定程度的口感，用带着芝麻油香味的盐味酱汁进行调味。为了使盐的味道更为柔和，还加上了鹌鹑蛋黄。另附韩国海苔和葱白丝，可以用海苔将虾和葱白丝卷起来食用，与白葡萄酒搭配非常美味。

鞑靼长额虾与茄子

ITALIAN BAR IL cadoccio

粉色的长额虾味道鲜美，很受女性顾客欢迎。搭配与长额虾口感相似的茄子，表现出一体感的同时，也能感受到与酥脆的长棍面包的对比。虾保留了一定程度的口感，用洋葱、续随子、柠檬汁、盐、胡椒简单调味以活用其本身的味道。茄子烧过后去皮，腌泡之后切丁，带有一种烧过之后的柔和的香味。小茴香、细叶芹、粉色的胡椒也使料理变得色彩缤纷。

章鱼

北海章鱼生肉片料理（Carpaccio） 清爽的大蒜橙醋

鱼类美食 贡 伏见店

章鱼去掉皮和吸盘水煮，变柔软后切片。在章鱼上面撒上胡葱、橙醋、大蒜片。另附上滚烫的蒜油，在上菜后浇在章鱼上，这时稍带热度的温制生肉片料理才算完成。蒜油非常热，使橙醋的酸味散发了出来，也加强了大蒜的浓厚，与搭配酱汁的吃法有着不一样的风味。

二见产短蛸生肉片料理(Carpaccio)

TRATTORIA MARCO

可以做成刺身食用的带子的短蛸非常珍贵，特意将其做成意大利料理的店就更少了。在网罗了诸多一级鱼的该店也是很难遇上的珍味。将米粒大小的卵取出并水煮，头和腕足去皮做成刺身。章鱼的风味与盐香，口感十足之余，卵中还带有广岛有机柠檬的酸与醇厚的甜，刺身中还添加了橄榄酱汁的咸与橄榄油的香。橄榄酱汁是用盐腌鳀鱼、黑橄榄、红酒、青葱做成的。为了使卵更易入口，还附上了菊苣（带斑点），装盘后鲜明的对比也非常悦目。

韩式大章鱼片

酒菜创作 海房主

用来自日本青森下北半岛的新鲜大章鱼做成的料理。新鲜的大章鱼吃起来有点像鸡肝，所以就像鸡肝的吃法一样，加上了芝麻油和生姜酱油。大章鱼斜切成片，放上葱白丝、辣椒丝、万能葱、白芝麻等，清淡的大章鱼与芝麻油的搭配使其浓郁味道与香气倍增。

加利西亚风味章鱼

鱼贝类小餐馆 ENZO BYO

加利西亚是西班牙著名的章鱼产地。用辣椒或胡椒等将料理做成红色，就是加利西亚风味。红色酱汁是在蛋黄酱酱汁的基础上，加入辣椒或红辣椒粉制成的。章鱼使用的是北海道直送的章鱼腕足。每吃一口，章鱼的味道都在口中蔓延；其带一点辛辣的味道，推荐与酒一起品尝。

紫苏风味章鱼生肉片料理（Carpaccio）

Fish Bar TOROBAKO

大章鱼腕足过热水后切片，加上青紫苏叶丝与EXV橄榄油做成了生肉片料理。加入带有清爽感的青紫苏叶，可以充分享受到章鱼嘎吱嘎吱的口感。不只青紫苏叶，还撒上了红紫苏叶，每一口都能品味到浓郁的红紫苏叶的味道。

筋道的章鱼生肉片料理(Carpaccio)

咖喱烩饭标准(RISOTTOCURRY STANDARD)

同时体现了大章鱼的口感及柠檬酱汁、番茄罗勒酱汁的酸的一道料理。铺在盘中的是用大蒜炒至蜜糖色的洋葱，其上面则是煮过后用EXV橄榄油和红辣椒粉、大蒜等腌渍过的章鱼片，口感十足。最后，依序浇上柠檬汁与EXV橄榄油做成的柠檬酱汁，胡椒与黑橄榄等比例混合的酱料，鲜番茄混合大蒜、EXV橄榄油、盐、胡椒等做成的番茄罗勒酱汁，再撒上欧芹，便完成了。

北海章鱼生肉片料理(Carpaccio)清爽柠檬风味

OSTERIA PITECANTROPO(猿人酒馆)

只用柠檬、橄榄油、牛至、盐、胡椒调味的生章鱼，配上半干的番茄与橄榄，便是一道简单的生肉片料理。香气出众的橄榄油“pietro coricelli”(彼得科里切利)是味道的关键。

乌贼

两种鱿鱼　肝酱油、拌咸鱼子

酒菜创作 海房主

可以品尝到两种味道的鱿鱼刺身。肝酱油中添加了富含脂肪的肝脏。将撒过盐并冷冻保存的乌贼肝滤细，混合煮酒与酱油，做成的肝酱油带有乌贼肝特有的浓郁味道。咸鱼子拌鱿鱼是由乌贼刺身拌上磨碎的自家制咸鱼子做成的。为了更容易磨碎，咸鱼子要事先晾干。独特的盐香使料理非常下酒。

北海道直送乌贼面、扫帚菜籽与鹌鹑蛋意面酱

鱼贝类小餐馆 ENZO BYO

和式乌贼面配上意面酱，改造成了法式料理。意面酱是自家制的，加了干番茄使其味道更为浓郁。为了口感上的对比还加了扫帚菜籽，以及醇和的鹌鹑蛋。本料理使用了直送的切成面状冷冻保存的北海道鱿鱼，避免了再次冷冻，味道和新鲜度都有保证。

水乌贼意大利馄饨配绿色汤汁

Cucina L'ATELIER（烹饪工作室）

水乌贼的正式名称为拟乌贼，因其水润透明和鲜甜在日本五岛列岛被称为水乌贼。将水乌贼像河豚一样切薄片裹上海胆，放入油菜花及茼蒿汤汁中，透过乌贼可以看到里面海胆的颜色，就像意大利馄饨一样。与海胆一起包在里面的还有少许芥末，乌贼的鲜甜与海胆的浓郁、芥末的辛辣、汤汁的微苦混合在一起，成就了这一道不管是味道还是外观都非常精致的前菜。乌贼也可以过热水后再切片。另外汤汁中所使用的蔬菜并不限于油菜花和茼蒿，只要是绿色的都可以。例如用春卷心菜代替的话，虽然没有苦味，却会带有另一种甜，也就成就了另一种味道。

扇贝

活扇贝配芥末酱汁

中华面餐室 鹤龟饭店

扇贝过热水，配上加了碎腰果、枸杞子及芥末粒或和辛子等芥末的酱汁的一道冷菜。还用蜂蜜去除了芥末酱汁的苦涩。

北海道产扇贝冷菜 自家制甜酱油与配料十足的辣油

中国创作酒房 幸宴

扇贝柱刺身中加入了少量葱油。顶部装饰有红黄两色的辣椒、青椒、黄瓜、葱白丝、胡葱。酱汁为自家制的甜酱油与辣油混合而成的甜辣酱汁。自家制的辣油中并没有花椒，它是用XO酱（一种调味料）、干虾仁、干珧柱、芝麻、纯辣椒粉、青辣椒等制成的。

扇贝与水菜——清脆沙拉

鱼类美食 贡 伏见店

此为扇贝刺身搭配水菜、生菜、迷你番茄的一道料理。扇贝与大量清脆的水菜一起食用很美味。酱汁为芝麻风味，带有大量白芝麻。作为一种下酒菜，芝麻酱汁中带有水煮的大蒜的味道，非常有特色。

中华风扇贝生肉片料理（Carpaccio）

中国料理 黑泽 东京菜

除了图片中的扇贝，还有乌贼、白身鱼、醋腌青花鱼等，使用最新鲜的鱼贝类。浇上用青葱末、生姜、芝麻油等制作的椒麻酱汁，撒上花椒。鱼贝类的新鲜度决定着料理的味道。为了不掩盖食材的味道，花椒只需一点点，取其香味就足够了。

其他贝类

冷制牡蛎　芫荽酱汁

Garam masala（一家印度料理店） 派对套餐料理之一

芫荽、柠檬汁、小茴香、芫荽粉混合，用食品加工器搅拌成泥状后，将这一酱料涂在过了热水的牡蛎上。以“与牡蛎相配的味道”为出发点，尝试过青椒在内的多种食材后，选定了合适的芫荽。酱料做成泥状后几乎没有泥腥味，味道与浓郁的乳状牡蛎也相辅相成。最后加上拌蔬菜，在色彩上也下足了功夫。在牡蛎最美味的时节里，在派对套餐料理中提供。

烧蛤蜊刺身

饭田桥 ichijiku（无花果）

人们通常会将蛤蜊刺身做成霜降式，但是这一道料理却是炙烤。没有多余的水分，可以品尝到蛤蜊浓缩的鲜香。为了保留住其海味，只需要烧一下表面就够了。可搭配芥末酱油，或者加入熏盐与酸橘汁。熏盐与贝类的味道非常相配，店家强烈推荐。

鲍鱼片　肝酱汁

酒菜創作 海房主

此为参考削片鲍鱼而开发出的奢侈感十足的菜式。鲍鱼片，再加上添加了鲍鱼肝的酱汁，将鲍鱼的鲜美浓缩在了这一盘之中。店家参考鮟鱇的“共醋（腌鱼的醋加上肝脏制作而成的醋）”制成了肝酱汁。将过了热水的肝过滤，混合味噌、土佐醋等调味料，再加入切碎的鲍鱼边缘部分，充满了大海味道的酱汁就完成了。

海鞘

海鞘　仿水贝

饭田桥 ichijiku（无花果）

此为只在北海道野生海鞘进货当天提供的料理。这是一道消除了海鞘的腥味，使客人再次感受到海鞘的美味的人气菜式。运用鲍鱼料理之一的“水贝（新鲜鲍鱼切片加冰）”的形式，配上与海水咸度一致的盐水食用。再加上清爽的橙醋，海的味道愈发诱人。海鞘很容易变质发臭，所以只选购生海鞘，并且限量供应，以保证每次都能够卖完。

组合搭配

生肉片料理大杂烩（Meli-Melo Carpaccio）（L）

鱼贝类小餐馆 ENZO BYO

“Meli-Melo”在法语中是混杂、盛得很满的意思。本道料理中包括了5种以上的鱼类，且全都是惊人的大块，让人大口大口地吃下。鱼类使用日本富山当天早上捕捞的鱼，且都是当天使用。图片中为鲕鱼、鲑鱼、比目鱼等。酱汁有橄榄酱汁、意面酱、居里酱汁（咖喱风味的蛋黄酱酱汁）3种，满足了人们想要品尝多种味道的欲望，还附上了清口用的蔬菜条。

刺身风味生肉片料理（Carpaccio）配日向夏土豆沙拉

MODERN和食 KABTO

自家制番茄酱、加了日向夏果肉的土豆沙拉、煮日向夏皮、干果、葡萄干等合在一起，做成了多种味道的生肉片料理。在鲷鱼、金枪鱼、扇贝刺身上加上盐、胡椒、EXV橄榄油。土豆沙拉与刺身的组合虽然很出人意料，但是因为加了日向夏果肉，并没有掩盖刺身纤细的味道，反而非常清爽。

大海生肉片料理（Carpaccio）

Italian bar UOKIN Piccolo

来自日本筑地的新鲜鱼贝类满满当当的一盘，价格非常公道，点菜率达到100%。图片中使用的是真鲷、鲑鱼、高体鰤、金乌贼、鲣鱼、章鱼。以活用食材本身的味道为宗旨，用加入了大蒜和酱油的橄榄油进行腌渍。味道强烈的鲣鱼搭配香橙胡椒风味的酱汁，其他鱼类则搭配盐汁（用生鱼泡制的盐汁）混合橄榄油的酱汁。在浇上酱汁之前撒上藻盐增香，加上橄榄油和万能葱末。另外，鲑鱼配炸洋葱，高体鰤配叶山葵酱油酱汁，趣味十足。

鲜鱼生肉片料理（Carpaccio）

Bistro nibyo 3

以开发出“位于日本湘南地区茅崎的店特有的名产生肉片料理”为目的制作的料理。将当地鱼类组合起来，每天提供3种鱼，配上独创的盐腌幼鱼（或生幼鱼）制成的酱汁。图片中的鱼为真鲷、鲑鱼、章鱼。加了橄榄油、盐、胡椒、柠檬的鱼酱用于调味，给人以强力的冲击。另外，胡萝卜、水菜、葱等多种颜色的蔬菜丝高高堆起，也带着一种冲击感。芝麻菜叶同样也是湘南地区平塚产的，蔬菜使用的也都是当地出产的种类。

豪爽！！鲜鱼生肉片料理（Carpaccio）（3种）

洋酒店 HACHI

说是3种，其实有4~5种鱼，这是一道令人感动的人气生肉片料理。鱼的种类每天都会更换，固定提供赤身鱼、白身鱼等，将味道、口感不同的鱼类组合在一起。为了突出新鲜食材本身的味道，调味非常简单。利用橄榄油、意大利酱汁、番茄、洋葱薄片等调制出与鱼类相配的味道。

3种贝类　芝麻菜酱汁沙拉

MODERN和食 KABTO

此料理使用了水松贝、蛤蜊、扇贝3种贝类。水松贝和蛤蜊事先煮好并用平底锅稍稍翻炒，扇贝做成刺身。将这3种贝类与煮过的竹笋和白芦笋、芝麻菜混合，再与意式意面酱汁混合即可。意面酱汁是用小茴香、EXV橄榄油、大蒜、柠檬汁制成的。

鞑靼金枪鱼与扇贝 日式法国料理风格

LE PETIT TONNEAU 虎之门店

拍金枪鱼瘦肉与生扇贝，拌上罗勒、黑芝麻、白芝麻、柠檬汁、橄榄油，以及梅子干、紫苏、芥末、酱油等和风食材，做成的鞑靼料理非常受女性客人的欢迎。图片中的大小两种可选尺寸也大受好评。

海胆与章鱼　土豆沙拉

鱼贝类小餐馆 ENZO BYO

土豆沙拉与章鱼的组合意外地大受欢迎，几乎是每桌必点的人气菜式。在口感单调的土豆沙拉中混入煮过的章鱼片，章鱼独特的口感愈发明显。顶部还装饰有与土豆非常相配的海胆，将其与沙拉混合起来，增添了几分海岸的味道。这道料理充分体现了以鱼贝类为招牌菜的该店的风格。

鲑鱼拌鳄梨/金枪鱼拌薯蓣　辛辣芝麻风味/鸡肉（综州古白鸡）拌古冈左拉芝士酱汁/鸡肉（综州古白鸡）、芥末章鱼拌蛋黄酱/泡制章鱼与多彩蔬菜

70种梅酒与葡萄酒和石烹意大利烩面的店

该店没有小菜，与此相对却准备有称为“可选系列”的20种以上的前菜式小碟料理。图片中的5道，是包括在其中的刺身菜式。“鲑鱼拌鳄梨”中选用的是腥味较轻的大西洋鲑鱼，拌上加了芥末、大蒜的和风酱汁。“金枪鱼拌薯蓣　辛辣芝麻风味”是将金枪鱼瘦肉与薯蓣切丁，再用酱油、大蒜、芝麻油调味，薯蓣的松脆口感非常鲜明。“鸡肉拌古冈左拉芝士酱汁”则选用了日本筑波山麓的综州古白鸡的鸡胸肉，拌上用橙醋调开的古冈左拉芝士，做成一道与葡萄酒非常相配的小菜。“鸡肉、芥末章鱼拌蛋黄酱”同样选用综州古白鸡的鸡胸肉，混合芥末章鱼，再拌上蛋黄酱，料理愈显醇和。“泡制章鱼与多彩蔬菜”则是将章鱼、红辣椒、番茄、黄瓜等一起放入洋葱酱汁中泡渍1小时以上做成的，洋葱的鲜味也非常下酒。

马肉

芫荽与马肋骨肉生肉片料理（Carpaccio）

熊本风情酒馆（Usegatan）

以民族特色为主题创作出的马肉刺身料理，搭配了葡萄柚、墨西哥辣椒、芫荽碎混合而成的酱汁。葡萄柚的酸甜、辣椒的辛辣，都带着极富魅力的亚洲味道。考虑到与酱汁的搭配问题，这里选用了马肋骨肉。在口中化开的脂肪与嘎吱嘎吱的马瘦肉，使这一部位可以享受到两种口感。最后挤上一点酸橘汁，放上大量的芫荽便可以上桌了。

葱盐烧马舌生肉片料理（Carpaccio）

熊本风情酒馆（Usegatan）

此为新鲜的马舌炙烧后，加葱末、盐、胡椒、橄榄油、柠檬汁简单调味的一道料理。为了不让马舌肉汁流失，先要整块地烧表面，然后切薄片装盘后放上葱末，再用火枪炙烧表面，让葱的风味散发出来。这是以马舌特有的弹性口感为特色的一道菜式。

极致！5种马肉刺身

熊本风情酒馆（Usegatan）

5个部位的马肉刺身各40g，是性价比极高的人气菜式。图片中有后颈肉、肋骨肉、腰脊内侧肉、心脏、马舌，连马舌、腰脊内侧肉这样稀少的肉都包括在内。马肉刺身最重要的莫过于新鲜度，该店直接从熊本选购马肉，绝对新鲜，温度管理也非常严格，马肉无论颜色还是味道都处于最好的状态。使用长达50cm的木制器皿，极具冲击力的摆盘也很受好评。在九州地区固定搭配甜口酱油食用。

马腰脊内侧肉与鳄梨千层

熊本风情酒馆（Usegatan）

此为得到女性绝对支持的一道料理。马腰脊内侧肉非常柔软，与金枪鱼的口感相似，因此尝试用金枪鱼的老搭档鳄梨来与其组合。酱汁则选取了与鳄梨很配的咸煮海苔混合蛋黄酱做成的酱汁。为了突出马腰脊内侧肉漂亮的红色，它并不与鳄梨拌在一起，而是交互重叠排列，颜色上的鲜明对比也很吸引人。再撒上盐、胡椒，淋上橄榄油就完成了。

马后颈肉与炸大蒜青紫苏意面酱

熊本风情酒馆（Usegatan）

脂肪化于口中的马后颈肉，搭配加了青紫苏叶的和风意面酱做成了马肉刺身。正如将乡土特色摆在前面的店名"熊本风情酒馆"一样，为了做出符合该店风格的菜式，这道料理并没有做成意式，而是用青紫苏叶代替罗勒做成了和风的味道。半冷冻的马后颈肉切片后带有嘎吱嘎吱的口感，与上面的炸大蒜的酥脆形成强烈对比。

鞑靼樱肉与九条葱、青辣椒曲

饭田桥 ichijiku（无花果）

将马瘦肉做成鞑靼风，享受生肉的美味。与切碎的九条葱混合，略带味道的马肉也变得容易入口。放在料理上面的有日本青森县乡土料理“南蛮渍（洋葱醋腌油炸鱼）”，青辣椒混合酱油或曲而制作的青辣椒曲也非常有个性。青辣椒曲的辛辣和咸香与马肉搭配超棒，很受喜欢吃生肉的客人的欢迎。

鸡肉

鸡肉和风生肉片料理（Carpaccio）（综州古白鸡）

70种梅酒与葡萄酒和石烹意大利烩面的店

这是一道用口感好且味道不重的综州古白鸡做成的生肉片料理。处于冷藏状态的新鲜鸡肉，因为胸脯肉的分量更足且口感好而选择了胸脯肉。用大火一口气炙烧过后急冻起来，拍松。与西蓝花嫩芽等蔬菜一起装盘，淋上香橙风味的橙醋，再加上拍松的梅子，其清爽的味道更突显了综州古白鸡的鲜美。

牛杂

瘤胃

大众肉酒场 **日本烤肉党** 浅草桥店

此为瘤胃（牛的第一个胃）过热水后用清爽的橙醋酱汁调味而成的辛辣冷菜。店家用有趣的菜名来吸引顾客。瘤胃切片、过热水后切丝，在接到点单后再拌上加了芝麻油、辣椒、葱末的橙醋酱汁，放上大量葱白丝，撒上辣椒末，便可以上菜了。

冷制瘤胃　罗勒风味

炭火七轮烤肉 **丝樱**

此为作为前菜深受欢迎的瘤胃料理。肉质厚实的瘤胃过热水后浸入冰水，拌上罗勒酱汁做成冷制瘤胃料理，再配上葱白丝、松子、辣椒、嫩菜叶、橄榄油提供给客人。罗勒酱汁使用鲜罗勒叶、橄榄油及盐制作。